Dr. Sandra Foltin

Dickes Fell?

Traumasensible Begleitung für Hunde

Kynos

Konrad-Zuse-Straße 3, D-54552 Nerdlen/Daun
Telefon: 06592 957389-0
Kontakt: info@kynos-verlag.de
www.kynos-verlag.de

Grafik & Layout: Kynos Verlag

Gedruckt in Lettland

1. Auflage 2026
ISBN 978-3-95464-352-3

Bildnachweis:
Grafiken und Illustration Kynos Verlag unter Verwendung von Grafiken aus Envato

Inhaltsverzeichnis

Vorwort

Manche Hunde bellen nicht. Sie ziehen sich zurück. Sie frieren ein. Reagieren plötzlich heftig – oder gar nicht.

In der Arbeit mit Hunden – ob beruflich oder privat – stehen Verhalten, Erziehung und Training im Mittelpunkt. Was funktioniert? Was nicht? Wie können wir „unerwünschtes" Verhalten verändern? Selten jedoch stellen wir die entscheidendere Frage: *Warum zeigt ein Hund, was er zeigt?*

Die Auseinandersetzung mit dem Thema Trauma rückt nicht nur die äußere Verhaltensweise in den Fokus, sondern vor allem das innere Erleben – das, was nicht sofort sichtbar ist, aber doch alles beeinflusst. Auch bei Hunden. Es verändert, wie sie fühlen, wie sie reagieren, wie sie sich in der Welt bewegen. Manche werden laut, andere verstummen. Manche weichen aus, andere greifen an. Was wir als „Verhaltensproblem" deuten, ist oft ein stiller Überlebensmechanismus. Ein Ausdruck von etwas, das zu viel war – zu früh, zu oft, zu intensiv.

Denn es ist überall. Im Alltag, im Training, in vermeintlich normalen Situationen. Still, (un)sichtbar – und doch von großer Wirkung. Trauma bei Hunden ist kein Randthema. Es ist zentral. Es betrifft uns alle – ob wir Hunde halten, mit ihnen arbeiten oder einfach nur mit offenen Augen durch die Welt gehen. Dieses Buch ist aus dem Wunsch entstanden, genau dort anzusetzen: aufzuklären, zu sensibilisieren und ein neues Bewusstsein zu schaffen. Nicht nur zu erklären, *wie* Verhalten entsteht, sondern *warum* manche Hunde auf bestimmte Reize überreagieren, sich entziehen oder zurückziehen.

Denn Trauma entsteht eben nicht nur durch offensichtliche Gewalt – es sind die alltäglichen Übergriffe, die kleinen Grenzüberschreitungen, die ungesehenen Überforderungen. Momente in denen unsere Erwartungen größer sind als ihre Kapazitäten. Es geht um die stillen Spuren von Belastungserfahrungen, die sich in Körper, Nervensystem und Beziehungsmustern niederschlagen – und um die Möglichkeiten, diese zu erkennen, zu verstehen und langfristig zu verändern.

Die Erkenntnisse aus verschiedenen wissenschaftlichen Disziplinen – von der Neurobiologie über die Psychotraumatologie bis hin zur Verhaltenstherapie – zeigen uns, wie komplex, aber auch wie formbar das emotionale Erleben von Hunden ist. Und sie fordern uns heraus, unser Handeln neu zu reflektieren: Sind wir achtsam genug? Fair genug? Informiert genug?

Dieses Buch möchte keine Patentrezepte liefern. Vielmehr soll es zum Denken anregen, zur Selbstreflexion, zur fachlichen Weiterentwicklung. Es richtet sich an alle, die bereit sind, ihre Perspektive zu erweitern – über den klassischen Trainingsrahmen hinaus, hin zu einer tiefergehenden, traumainformierten Haltung. Denn am Ende geht es nicht nur um Verhalten. Es geht um Beziehung. Um Vertrauen. Um das, was zwischen uns möglich wird, wenn wir beginnen zuzuhören. Um die Verantwortung, die wir tragen. Und jeder Schritt, den wir gehen, macht einen Unterschied – für die Hunde, für uns, für ein Zusammenleben, das nicht auf Kontrolle basiert, sondern auf Verständnis, Sicherheit und Vertrauen.

Möge dieses Buch ein kleiner Anstoß sein, gewohnte Denkweisen zu hinterfragen – im Sinne einer Beziehung, die nicht nur funktioniert, sondern verbindet. Einer Haltung, die nicht nur erzieht, sondern mitfühlt. Wir stehen erst am Anfang dessen, was möglich ist, wenn wir Verhalten nicht nur korrigieren, sondern in seinem Ursprung begreifen. Wenn wir Hunde nicht nur führen, sondern ihnen zuhören. Für eine Zukunft, in der Beziehung über Gehorsam steht, Verbindung über Kontrolle und Mitgefühl über Konvention.

Einleitung

Viele Hundemenschen fragen sich bestimmt: Brauche ***ich*** *das – traumasensiblen Umgang? Mein Hund hat kein Trauma erlebt.*

Genau hier beginnt das Missverständnis. Ein Trauma muss nicht aus dramatischen Ereignissen wie schweren Misshandlungen oder Unfällen entstehen – auch scheinbar „kleine" Erlebnisse sind für viele Hunde überwältigend und prägend.

Trauma wird im Alltag oft mit einem folgenschweren Erlebnis wie Gewalterfahrung gleichgesetzt. In der Psychologie versteht man unter Trauma nach ICD 11 „Ein extrem bedrohliches oder entsetzliches Ereignis oder eine Reihe von Ereignissen, meistens längerdauernde oder wiederholte Ereignisse, bei denen Flucht schwierig oder unmöglich war"[1]. Entscheidend ist die Wirkung, also die Traumafolge, die ein Ereignis auf das Nervensystem des Hundes hat. Von einer Traumafolgestörung sprechen wir, wenn ein Hund in eine Situation gerät, die seine natürlichen Strategien und Bewältigungsmechanismen überfordern und sein System nachhaltig aus dem Gleichgewicht bringt. Trauma im Rahmen einer Traumafolgestörung ist nicht nur eine schlimme Erfahrung, sondern hinterlässt eine tiefe Körpererinnerung und hat eine signifikante Wirkung auf die Art, wie das Gehirn Reize verarbeitet. Der Körper reagiert, als wäre die Bedrohung immer noch da: Geräusche, Gesten oder Situationen können „Trigger" sein, die diesen Alarm auslösen – selbst wenn objektiv keine Gefahr mehr besteht.

Es liegt demnach an uns, dafür zu sorgen, dass unsere Hunde nicht in Situationen geraten, die ihr Nervensystem überfordern und potenziell traumatisch wirken. Dazu gehört, dass wir Stresssignale rechtzeitig erkennen, Überforderung vermeiden und im Alltag so handeln, dass sich unser Hund sicher und verstanden fühlt. Traumata entstehen oft dann, wenn niemand bemerkt, wie belastend eine Situation für den Hund ist – genau hier können wir vorbeugend aktiv werden! Traumasensibilität

---

1 Cloitre, M. (2020). ICD-11 complex post-traumatic stress disorder: Simplifying diagnosis in trauma populations. *The British Journal of Psychiatry,* 216(3), 129 – 131.

im Umgang mit Hunden gewinnt zunehmend an Bedeutung, weil sie unser Verständnis für das Verhalten und die Bedürfnisse unserer Hunde vertieft.

Wissenschaftliche Studien belegen, dass ein einfühlsamer und trauma-inklusiver Ansatz nicht nur das Wohlbefinden und die Gesundheit unserer Hunde steigert, sondern auch die Mensch-Hund-Beziehung nachhaltig stärkt. Traumasensibilität bedeutet, dass wir das Verhalten und die emotionalen Reaktionen unseres Hundes verstehen und respektieren. Hunde, die traumatische Erlebnisse hatten, zeigen oft Verhaltensweisen wie plötzliche Aggression, Rückzug, Angst oder Übererregung. Um ihnen effektiv helfen zu können, ist es wichtig, diese Verhaltensweisen nicht nur zu erkennen, sondern auch die zugrunde liegenden Ursachen zu erfassen.

Traumasensibles Handeln ist wesentlich, denn es bedeutet, diese Zusammenhänge zu begreifen und im Kontakt besonders achtsam und respektvoll zu sein. Es geht darum, unsere Hunde nicht zusätzlich zu überfordern oder unbewusst erneut in alte Muster von Hilflosigkeit oder Ohnmacht zu bringen. Unser Ziel muss sein, ein Umfeld zu schaffen, in dem sich ein Hund sicher fühlen kann und in dem Heilung möglich wird.

Deswegen ist Traumasensibilität eine essenzielle Kompetenz für alle, die mit Hunden arbeiten oder sie in ihrem Alltag begleiten!

1. Trauma – was ist das eigentlich?

Wenn wir von Trauma sprechen, denken viele Menschen an schwere Übergriffe, Gewalt oder Krieg. Wichtig ist die Unterscheidung zwischen Trauma und der Wirkung, die dieses Ereignis auf das Nervensystem hat. Ein Trauma entsteht bei Hunden, wenn sie mit Situationen konfrontiert werden, die ihre angeborenen Fähigkeiten zur Stressbewältigung übersteigen. In Gefahr reagieren sie mit drei grundlegenden – biologisch und evolutionär natürlichen – Strategien: Kampf, Flucht oder – wenn nichts anderes möglich ist – mit Erstarrung, Überlebensinstinkte, die tief im Körper verankert sind.

Der Unterschied zwischen einer natürlichen Reaktion auf ein Trauma und der Entwicklung einer Traumafolgestörung (z. B. Posttraumatische Belastungsstörung, PTBS) liegt vor allem in Dauer, Intensität und Funktionalität der Symptome. Natürliche Reaktionen auf ein Trauma, also normale Stressreaktionen nach einem belastenden Ereignis sind Angst, Schlafstörungen, innere Unruhe, und/oder Vermeidungsverhalten. Diese Symptome sind jedoch zeitlich begrenzt auf einige Tage bis wenige Wochen. Sie sind Teil der normalen Verarbeitung und helfen, die Erfahrung emotional und kognitiv zu integrieren.

Erst wenn die Symptome länger als 4 Wochen anhalten und/oder zunehmend belastend werden, es zu dauerhafter Beeinträchtigung im Alltag kommt und chronische Symptome entstehen wie intrusive Erinnerungen (Flashbacks), starke Vermeidung, Übererregung oder emotionale Taubheit sprechen wir von einer Traumafolgestörung.

Studien zeigen, dass die Mehrheit der Menschen nach einem Trauma keine chronische Traumafolgestörung entwickelt. Ca. 70 – 80 % der Betroffenen erholen sich ohne langfristige psychische Störung. Nur etwa 10 – 30 % entwickeln eine Posttraumatische Belastungsstörung (PTBS) oder eine andere Traumafolgestörung.

Grundlagen der Traumasensibilität: Hintergrund und Definitionen

Trauma ist ein Begriff aus der Psychologie und Medizin, der sich auf eine seelische oder körperliche Verletzung bezieht. Wissenschaftlich betrachtet, beschreibt Trauma eine Reaktion auf eine extrem belastende Situation, die die Fähigkeit eines Individuums überfordert, damit umzugehen, und die zu langfristigen psychischen oder physischen Folgen führen kann.

Die American Psychological Association (APA) definiert es so:

„Trauma ist eine emotionale Reaktion auf eine erschütternde oder bedrohliche Erfahrung, die das individuelle Gefühl von Sicherheit und Kontrolle beeinträchtigt."[2]

Van der Kolk (2014) schreibt: „Trauma entsteht, wenn eine Person eine Erfahrung macht, die so überwältigend ist, dass sie die Fähigkeit, damit umzugehen, überfordert, was zu anhaltenden psychischen und physischen Symptomen führen kann."[3]

Trauma ist keine Schwäche, kein Zeichen mangelnder Belastbarkeit. Trauma ist eine natürliche Reaktion auf eine unnatürliche Erfahrung – eine Reaktion des Körpers und des Nervensystems auf überwältigenden Stress, dem sich ein Hund in einem bestimmten Moment nicht entziehen oder aktiv begegnen konnte.

Trauma kann durch einzelne extrem belastende Ereignisse entstehen (z. B. Unfälle, Gewalt, Naturkatastrophen), sogenannte Monotraumata, aber auch durch andauernde Belastungen, wie Vernachlässigung, emotionale Kälte oder Krieg. Entscheidend ist nicht das Ereignis selbst, sondern wie es im Nervensystem verarbeitet werden kann – oder eben nicht.

---

2 VandenBos, G. R. (2007). *APA Dictionary of Psychology.* American Psychological Association.

3 Van der Kolk, B. (2014). *The body keeps the score: Brain, mind, and body in the healing of trauma.* New York, 3, 14–211.

Entstehung und Faktoren von Hundetrauma

Das erste Trauma, das ein Hund erlebt, ist meist die Trennung von Mutter und Geschwistern. In den ersten Wochen seines Lebens ist die (Ver-)Bindung zur Mutter essenziell für seine emotionale Entwicklung. In der Natur leben Hundewelpen bis mindestens zur Junghundzeit mit ihrer Mutter und den Geschwistern zusammen[4]. Unsere Praxis Welpen mit bestenfalls 12 oder gar 8 Wochen von der Mutter zu trennen ist traumatisch und widerspricht natürlichen Verhaltensweisen. Studien zeigen, dass enge soziale Bindungen innerhalb der Familie die Kooperationsfähigkeit und die soziale Stabilität der Gruppe erhöhen[5]. Durch die ausgeprägte juvenile Phase von Hunden und ihr Leben in sozialen Verbänden werden Verhaltensweisen nicht nur individuell gelernt, sondern auch über Generationen weitergegeben – etwa Signale für Kooperation, Konfliktvermeidung und gemeinsames Jagen oder Erkunden. Langfristiges Zusammenleben fördert die Entwicklung komplexer Kommunikations- und Verhaltensmuster, die essenziell für die Gruppendynamik sind[6,7]. Die Dauer des Aufwachsens ermöglicht eine intra- und intergenerationale Weitergabe von Verhaltensweisen, Strategien und Lösungsfindungen. Ältere Tiere spielen dabei eine zentrale Rolle bei der Vermittlung von Jagdtechniken, Sozialverhalten und Gemeinschaftsbildung[8] sowie der effizienten Nutzung von Ressourcen[9]. Die längere Sozialisationsphase ermöglicht den jungen Hunden, komplexe soziale Kompetenzen zu entwickeln, die für das Funktionieren der Gruppe notwendig sind[10]. Wissenschaftliche Untersuchungen belegen, dass eine längere Sozialisationsperiode in der Familie die Überlebensfähigkeit, die Stabilität und

---

4 McMillan, F. D., Duffy, D. L., & Serpell, J. A. (2011). Mental health of dogs formerly used as 'breeding stock' in commercial breeding establishments. *Applied Animal Behaviour Science,* 135(1–2), 86–94.

5 McMillan, F. D. (2014). Understanding and caring for rescued puppy mill dogs. *Best Friends Animal Society.*

6 Kleiman, D. G., & Malcolm, J. R. (1981). The evolution of male parental investment in mammals. In D. Gubernick & P. Klopfer (Eds.), *Parental care in mammals* (pp. 347–387). Springer.

7 Mech, L. D. (1970). *The wolf: The ecology and behavior of an endangered species.* University of Minnesota Press.

8 Harrington, F. H., & Mech, L. D. (1979). Wolf howling and its role in territory maintenance. *Behaviour,* 68(3–4), 207–249.

9 Packard, J. M. (2003). Wolf behavior: Reproductive, social, and intelligent. In L. D. Mech & L. Boitani (Eds.), *Wolves: Behavior, ecology, and conservation* (pp. 35–65). University of Chicago Press.

10 McMillan, F. D. (2002). Development of a mental wellness program for animals. *Journal of the American Veterinary Medical Association,* 220(7), 965–972.

die Effizienz der Gruppe signifikant erhöht[11]. Das gemeinsame Aufwachsen ist somit evolutionär vorteilhaft[12].

Die Entstehung traumatischer Erfahrungen bei Hunden lässt sich auf mehrere zentrale Einflussfaktoren zurückführen:

Mangelnde soziale Bindung

In der frühen Sozialisations- und Prägungsphase – bei Hunden etwa zwischen der dritten und zwölften Lebenswoche – werden zentrale Grundlagen für die Regulation von Emotionen und den Aufbau sozialer Kompetenzen gelegt[13]. In dieser sensiblen Entwicklungsperiode ist die Möglichkeit, sichere Bindungen zu entwickeln, entscheidend für eine stabile Stressverarbeitung und eine adaptive Beziehungsfähigkeit im späteren Leben.

Fehlen solche positiven sozialen Erfahrungen, zeigen Hunde häufig ein erhöhtes Angst- und Unsicherheitsverhalten, eine gesteigerte Reizempfindlichkeit sowie Schwierigkeiten im Umgang mit neuen Situationen oder sozialen Interaktionen. Langfristig können Defizite in dieser Phase zu einer reduzierten Anpassungsfähigkeit, problematischem Sozialverhalten und einer erhöhten Vulnerabilität gegenüber stressassoziierten Störungen führen[14].

Negative Erfahrungen in der Vergangenheit

Hunde, die in ihrer Lebensgeschichte wiederholt aversiven Reizen ausgesetzt sind – etwa dem Leineruck (sogenannte „Impulse"), das Werfen

---

11 Battaglia, C. L. (2009). Periods of early development and the effects of stimulation and social experiences in the canine. *Journal of Veterinary Behavior: Clinical Applications and Research,* 4(5), 203–210. https://doi.org/10.1016/j.jveb.2009.03.003

12 Lord, K., Feinstein, M., Smith, B., & Coppinger, R. (2013). Variation in reproductive traits of members of the genus Canis with special attention to the domestic dog *(Canis familiaris). Behavioural Processes,* 92, 131–142. https://doi.org/10.1016/j.beproc.2012.10.009

13 Scott, J. P., & Fuller, J. L. (1965). *Genetics and the Social Behavior of the Dog.* University of Chicago Press.

14 Serpell, J. (Ed.). (2017). *The Domestic Dog: Its Evolution, Behavior and Interactions with People* (2nd ed.). Cambridge University Press.

von Wasserflaschen oder Schlüsseln (sog. „Korrektur"), Isolation in der Hundebox (sog. „Reinlichkeits- oder Ruhetraining") –, entwickeln häufig anhaltende Verhaltensauffälligkeiten[15]. Solche belastenden Erfahrungen können die Stressphysiologie verändern und das Risiko für Angstverhalten, Unsicherheitsreaktionen sowie defensive Aggression signifikant erhöhen[16,17].

Diese langfristigen Anpassungen lassen sich als erlernte Schutzmechanismen verstehen: Ein Hund, der wiederholt schmerzhafte, bedrohliche oder unvorhersehbare Situationen erlebt, entwickelt Verhaltensweisen, die kurzfristig Sicherheit geben sollen. Dazu zählen Vermeidungsverhalten, übersteigerte Wachsamkeit, defensives Drohen oder Aggression. Solche Strategien reduzieren zwar akut das Risiko weiterer negativer Erfahrungen, beeinträchtigen aber langfristig die soziale Funktionalität des Hundes[18,19].

Im sozialen Kontext können diese Schutzmechanismen dazu führen, dass der Hund Interaktionen mit Artgenossen oder Menschen meidet, weil er sie mit Gefahr assoziiert. Fehlende oder gestörte Interaktionen in entscheidenden Entwicklungsphasen hemmen wiederum den Erwerb sozialer Kompetenzen wie fein abgestimmte Körpersprache, Spielverhalten oder Impulskontrolle[20,21].

Die Folgen zeigen sich oft in Form von eingeschränkter Lebensqualität: Betroffene Hunde erleben häufiger Stress, sind weniger anpassungsfähig an Umweltveränderungen und können alltägliche Situationen nicht adäquat bewältigen. Langfristig steigt dadurch auch das Risiko für

---

15 Foltin S. Lass die Tür auf, wenn du gehst... Der unzulässige Einsatz von Hundeboxen. *TierEthik 5*, 2022

16 Hennessy, M. B. (2013). Using hypothalamic-pituitary-adrenal measures for assessing and reducing the stress of dogs in shelters: A review. *Applied Animal Behaviour Science*, 149(1–4), 1–12.

17 Serpell, J. A., & Duffy, D. L. (2016). Aspects of juvenile and adolescent environment predict aggression and fear in 12-month-old guide dogs. *Frontiers in Veterinary Science*, 3, 49.

18 Overall, K. L. (2013). *Manual of Clinical Behavioral Medicine for Dogs and Cats.* Elsevier.

19 Overall, K. L., Dunham, A. E., Scheifele, P., & Malowski, K. S. (2019). Fear of noises affects canine problem solving behavior and locomotion in standardized cognitive tests. *Applied Animal Behaviour Science*, 221, 104863.

20 Reisner, I. (2016). The learning dog: A discussion of training methods. The Domestic Dog: *Its Evolution, Behavior and Interactions with People*, 2, 211–226.

21 Mellor, N., McBride, S., Stoker, E., & Dalesman, S. (2024). Impact of training discipline and experience on inhibitory control and cognitive performance in pet dogs. *Animals*, 14(3), 428.

stressbedingte Gesundheitsprobleme, wie eine erhöhte Anfälligkeit für Magen-Darm-Erkrankungen oder Hautprobleme[22,23].

Unangemessene Erziehung oder Misshandlung

Der Einsatz von aversiven oder strafbasierten Erziehungsmethoden– etwa durch positive Bestrafung oder negative Verstärkung –, wie körperliche Strafen, Einschüchterung oder Zwang, steht in Verbindung mit erhöhtem Stressverhalten, wie z.B. Meideverhalten oder Übersprungshandlungen[24]. Stress, der durch diesen Umgang ausgelöst wird, hemmt nicht nur das Lernen, sondern führt zu Verhaltensproblemen wie Hyperaktivität, Angstverhalten, Unsicherheit und defensiver Aggression[25,26]. Im Gegensatz dazu zeigen Hunde, die über positive Verstärkung und belohnungsbasiertes Training lernen, eine höhere Kooperationsbereitschaft, geringeres Stressverhalten und ein stabileres emotionales Verhalten[27]. Diese Forschungsergebnisse unterstreichen die Bedeutung eines stressarmen, positiven Trainingsumfelds – nicht nur für das Lernverhalten, sondern auch für das langfristige Wohlbefinden, die Gesundheit und die Verhaltensstabilität des Hundes.

---

22 Hennessy, M. B., Williams, M. T., Miller, D. D., Douglas, C. W., & Voith, V. L. (2007). Influence of male and female petters on plasma cortisol and behavior: Can human interaction reduce the stress of dogs in a public animal shelter? *Applied Animal Behaviour Science,* 109(1 – 2), 104 – 114.

23 Salgirli Demirbas, Y., Isparta, S., Saral, B., Keskin Yılmaz, N., Adıay, D., Matsui, H., ... & Güntürkün, O. (2023). Acute and chronic stress alter behavioral laterality in dogs. *Scientific Reports,* 13(1), 4092.

24 Vieira de Castro, A. C., Barrett, J., de Sousa, L., & Mills, D. S. (2020). Carrots versus sticks: The relationship between training methods and dog-owner attachment. *Animals,* 10(3), 590. https://doi.org/10.3390/ani10030590

25 Hiby, E. F., Rooney, N. J., & Bradshaw, J. W. S. (2004). Dog training methods: Their use, effectiveness and interaction with behaviour and welfare. *Animal Welfare,* 13(1), 63 – 69.

26 Vieira de Castro, A. C., Fuchs, D., Moreira, L., Pastur, S., de Sousa, L., Olsson, I. A. S., & Vieira, M. L. C. (2020). Does training method matter? Evidence for the negative impact of aversivebased methods on companion dog welfare. *PLoS ONE,* 15(12), e0225023. https://doi.org/10.1371/journal.pone.0225023

27 Rooney, N. J., & Cowan, S. (2011). Training methods and owner-dog interactions: Links with dog behaviour and learning ability. *Applied Animal Behaviour Science,* 132(3 – 4), 169 – 177. https://doi.org/10.1016/j.applanim.2011.03.007

Vernachlässigung und fehlende Fürsorge

Hunde, die in ihrer Entwicklung und Haltung mangelnde Fürsorge erfahren, erhalten oft keine ausreichende emotionale und soziale Unterstützung. Fehlende Versorgung mit stabilen sozialen Kontakten, Schutz und positiver Zuwendung beeinträchtigt die Stressregulation und die Entwicklung sicherer Bindungen maßgeblich. Studien zeigen, dass vernachlässigte Hunde häufiger ängstliches Verhalten, reduzierte Anpassungsfähigkeit und stressbedingte Auffälligkeiten entwickeln[28,29]. Diese Defizite können sich langfristig sowohl auf das emotionale als auch auf das körperliche Wohlbefinden auswirken.

Traumatische Erlebnisse während der Adoption oder im neuen Zuhause

Der Wechsel in eine neue Umgebung stellt für Hunde eine Phase erhöhter Unsicherheit und Reizüberflutung dar. Wenn dieser Übergang zusätzlich mit Stressoren wie fehlender Orientierung, mangelnder Betreuung, harschen Erziehungsmethoden oder sozialer Isolation verbunden ist, kann dies ein traumatisches Erleben sein, das zu einer Traumafolgestörung führt. Hunde zeigen dann häufig eine gesteigerte Vigilanz, Meideverhalten oder Angstsymptome, die auf eine Überforderung des Stress- und Bindungssystems hindeuten[30].

Traumatische Erfahrungen werden bei Hunden nicht nur kurzfristig verarbeitet, sondern verankern sich tief im emotionalen Gedächtnis. Das limbische System – insbesondere Amygdala und Hippocampus – spielt dabei eine zentrale Rolle bei der Speicherung und dem Abruf emotional belastender Ereignisse[31]. Solche verankerten Erinnerungen beein-

28 Beerda, B., Schilder, M. B. H., Van Hooff, J. A. R. A. M., De Vries, H. W., & Mol, J. A. (2000). Behavioural and hormonal indicators of enduring environmental stress in dogs. *Animal Welfare, 9*(1), 49 - 62.

29 Beerda, B., Schilder, M. B., van Hooff, J. A., & de Vries, H. W. (1997). Manifestations of chronic and acute stress in dogs. *Applied Animal Behaviour Science,* 52(3 - 4), 307 - 319.

30 McMillan, F. D. (2019). Psychological trauma in animals: Psychopathology as a product of chronic stress. *Journal of Veterinary Behavior,* 29, 1 - 6. https://doi.org/10.1016/j.jveb.2018.10.003

31 LeDoux, J. E. (2000). Emotion circuits in the brain. *Annual Review of Neuroscience,* 23, 155 - 184. https://doi.org/10.1146/annurev.neuro.23.1.155

flussen nachhaltig das Verhalten, indem sie ein Leben lang Situationen, Reize oder soziale Kontexte mit Angst oder Bedrohung verknüpfen und getriggert werden können. Dies wirkt sich direkt auf die Stressresistenz aus: Hunde mit traumatischer Vorgeschichte zeigen häufig eine übersteigerte Stressreaktion oder Schwierigkeiten, nach Belastungen wieder in einen Ruhezustand zurückzukehren.

Wie ist das bei wildlebenden Caniden?

Hundeartige in der Wildnis (oder in menschengeprägtem Umfeld) lernen ihr Verhalten, Sozialverhalten, Selbstwirksamkeit und Selbstsicherheit durch verschiedene Prozesse, die sowohl angeboren als auch durch Erfahrung geprägt sind.

Beobachtungslernen und Nachahmung

Hunde, als sozial obligate[32] Spezies lernen viel durch Beobachtung. Junge Hunde sehen sich das Verhalten älterer, erfahrener Tiere an und imitieren es. Dabei können sie lernen, wie sie sich in der Gruppe bewegen, welche sozialen Normen existieren und wie sie sich in unterschiedlichen sozialen Interaktionen verhalten sollen.

Spielverhalten

Vor allem bei jungen Hunden ist Spiel eine wichtige Lernmethode. Durch das Spielen üben Hunde wichtige Verhaltensweisen, die später in der Gruppe oder bei der Jagd notwendig sind. Bei Spielen üben Hunde zudem ihre motorischen Fähigkeiten, erlernen den Umgang mit anderen, entwickeln Kommunikationsfähigkeiten und erproben ihre Grenzen.

Erfahrungslernen (Trial-and-Error)

Hunde lernen durch direkte Erfahrungen. Wenn ein Hund etwas ausprobiert und es zu einem positiven oder negativen Ergebnis führt, wird er sein Verhalten anpassen. Dies gilt sowohl für das Überleben als auch für das soziale Erleben innerhalb der Gruppe. Das Verhalten des Hundes wird sich ändern, wenn er durch Trial-and-Error, also Versuch und Irrtum bzw. Erfolg lernt, welche Handlungen vorteilhaft oder nachteilig sind.

---

32 Hunde sind von Natur aus auf das Zusammenleben mit anderen angewiesen – sie brauchen soziale Kontakte, um zu überleben und sich gesund zu entwickeln.

Konditionierung und Belohnung

In einigen sozialen Gruppen, insbesondere bei Tieren mit komplexeren sozialen Strukturen, gibt es Formen der positiven Verstärkung, um Verhalten zu formen. Hunde, die soziale Belohnungen (wie Nähe oder Nahrung) für bestimmte Verhaltensweisen erhalten, lernen, sich so zu verhalten, dass sie diese Belohnungen (wieder)erlangen.

Kommunikation und Signale

Hunde entwickeln durch soziale Interaktionen ein umfangreiches Repertoire an Signalen und Kommunikation, um ihre Absichten zu verdeutlichen und Konflikte zu vermeiden. Hierzu gehören Lautäußerungen, Körpersprache, Duftmarken und Mimik. In sozial organisierten Gruppen sind diese Signale entscheidend für das Aufrechterhalten eines Verbandes und den effizienten Austausch von Informationen.

Selbstwirksamkeit und Selbstsicherheit

In Bezug auf Selbstwirksamkeit und Selbstsicherheit entwickeln Hunde Vertrauen in ihre eigenen Fähigkeiten, vor allem durch wiederholte (erfolgreiche) Erfahrungen und durch die Rolle, die sie innerhalb der Gruppe einnehmen. Ein Hund, der regelmäßig erfolgreich jagt oder sich verteidigt, entwickelt ein hohes Maß an Selbstsicherheit. Gleichzeitig kann die Gruppe dem Hund durch Unterstützung oder Bestätigung helfen, eine stabile und gesunde Selbstwahrnehmung zu entwickeln.

Selbstwirksamkeit, also das Gefühl der eigenen Fähigkeit, die Umwelt zu beeinflussen, wird bei Caniden insbesondere durch die Erfahrungen im Rudel[33] (oder in der Gruppe, wenn nicht verwandt) und bei der Futterbeschaffung gefördert. Caniden können ein starkes Gefühl von Selbstwirksamkeit durch die Koordination und die erfolgreiche Futterbeschaffung als Gruppe lernen. Dies stärkt nicht nur ihre physischen Fähigkeiten, sondern auch ihr Vertrauen in ihre eigenen Fertigkeiten

---

33 Bekoff, M. (2007). *The Emotional Lives of Animals.* New World Library.

und in die Zusammenarbeit innerhalb der Gruppe. In freier Wildbahn wird durch diese kooperative Jagd die Selbstsicherheit jedes einzelnen Individuums gestärkt, da die Erfolge des Rudels/des Verbands direkt zum Überleben jedes einzelnen Mitglieds beitragen[34].

Sozialverhalten und Stellung in der Gruppe

In Wolfsrudeln beispielsweise gibt es komplexe Sozialverhalten. Junge Wölfe lernen ihre Rolle innerhalb der Gruppe durch Beobachtung und direkte Interaktionen mit den älteren Mitgliedern. Die sozialen Bindungen werden durch intensiven Körperkontakt, gemeinsames Jagen und Pflegen gestärkt[35]. Diese soziale Struktur fördert Stabilität und Kooperation[36].

Oft wird die Stellung innerhalb der Gruppe durch ritualisierte Verhaltensweisen angezeigt. Diese Interaktionen sind wichtig für die Bildung und Aufrechterhaltung von sozialen Bindungen. Im Kontext des Sozialverhaltens und der Gruppenstruktur lösen Caniden durch nonverbale Kommunikation, wie Gesten, Mimik, Körpersprache und -gerüche auch Konflikte[37].

Co-Regulation und Bindung

Die Co-Regulation bezieht sich auf die wechselseitige Unterstützung und das Erlernen von emotionaler Stabilität innerhalb der Gruppe. Caniden lesen die emotionalen Signale innerhalb ihrer Gruppe und reagieren dementsprechend, was zu einem gemeinsamen emotionalen Gleichgewicht führt[38]. Das ist ein wichtiger Aspekt von Bindung, die durch ge-

34 Schenkel, R. (2005). Social Behavior in Wild Wolves. In K. S. Maler & M. L. Lazzarini (Eds.), *The Behavior of Wolves.* Oxford University Press.

35 Mech, L. D. (1999). *Wolf Pack Dynamics.* University of Minnesota Press.

36 Fentress, J. C. (1991). The Behavior of Wolves. *Journal of Animal Behavior*, 13(2), 1 - 26.

37 Van Hoek, M., et al. (2000). The Role of Non-Verbal Communication in Canid Social Structures. *Journal of Canid Research*, 15(3), 223 - 239.

38 Schneider, W. J. (2011). Emotional Regulation in Wild Animals: The Role of Group Cohesion. *Animal Psychology Review*, 21(4), 346 - 358.

meinsame Erlebnisse, wie etwa das Aufziehen von Welpen oder das Pflegen, aufgebaut und verstärkt wird.

Bei Welpen zeigt sich dies insbesondere in der engen Bindung an die Mutter. Diese Bindungen sind von entscheidender Bedeutung, um später als Mitglied der Gruppe zu überleben und sich sicher in der Gruppe zu bewegen[39]. Co-Regulation im sozialen Kontext ist also nicht nur ein Mittel zur Stressbewältigung, sondern ein Fundament für das spätere soziale Verhalten und die psychische Gesundheit der Tiere.

Emotionale Co-Regulation meint, dass Gruppenmitglieder durch ihre gegenseitigen Reaktionen auf emotionale Zustände (z. B. Stress, Angst, Aufregung, Freude) ein gemeinsames emotionales Gleichgewicht herstellen. Dieses Phänomen ist bei sozialen Tierarten stark ausgeprägt. Bei Welpen ist die emotionale Stabilisierung durch erwachsene Rudelmitglieder überlebenswichtig. Sie orientieren sich stark an der Mutter und anderen erwachsenen Tieren, um zu lernen, wann Gefahr droht oder wann Entspannung erlaubt ist. Die Reaktionen der Gruppe dienen ihnen als Regulationshilfe, um ihre eigenen Emotionen zu entwickeln und angemessen zu steuern.

Konkrete Verhaltensweisen zur Co-Regulation

1. Körperkontakt und Berührungen

Körperliche Nähe (z. B. Liegen in engem Kontakt, Lecken des Mauls oder Gesichts) ist eine beruhigende, stressreduzierende Geste, insbesondere zwischen engen Bindungspartnern.

Lecken wird als soziale Beruhigung interpretiert, vergleichbar mit „social grooming" bei Primaten.[40]

---

39 Hildebrand, E. (2010). *Social Behavior and Group Dynamics in Wild Canids.* University of Chicago Press.
40 Schneider, G., & Krueger, K. (2012). Third-party interventions keep social partners from exchanging affiliative interactions with others. *Animal Behaviour,* 83(2), 377-387.

2. Synchronisation von Verhalten

Gruppenmitglieder passen ihre Bewegungen, Ruhephasen und Aktivitätsmuster aneinander an. Dies synchronisiert nicht nur den Tagesrhythmus, sondern auch emotionale Zustände.[41]

3. Vokalisation und soziale Lautäußerungen

Jaulen, Winseln oder Bellen sind emotionale Ausdrücke, die nicht nur Informationen übermitteln, sondern auch Stimmungen regulieren können, so können beruhigende Töne helfen, Angst zu verringern, insbesondere bei Jungtieren.[42]

4. Empathisches Verhalten

Studien zeigen, dass Wölfe auf Leid oder Unwohlsein eines Rudelmitglieds mit beruhigenden Signalen reagieren, etwa durch Nähe, Lecken oder defensives Verhalten[43]. Es gibt Hinweise darauf, dass Caniden auch emotionale Zustände imitieren oder spiegeln – ein Hinweis auf eine Form von Empathie.[44]

Trauma und Stressbewältigung

Caniden in der Wildnis müssen ständig auf Bedrohungen reagieren, sei es durch andere Tiere, Nahrungsmangel oder Umweltgefahren. Die Fähigkeit, Trauma und Stress zu regulieren, ist entscheidend für ihr Überleben. Caniden haben verschiedene Mechanismen entwickelt, um mit Stress umzugehen. Dazu gehört die Fähigkeit zur schnellen Regeneration nach stressigen Ereignissen, wie etwa nach einem verlorenen

---

41 Lamontagne, A., & Gaunet, F. (2024). Behavioural Synchronisation between Dogs and Humans: Unveiling Interspecific Motor Resonance?. *Animals,* 14(4), 548.; Duranton, C., & Gaunet, F. (2016). Behavioural synchronization from an ethological perspective: Overview of its adaptive value. *Adaptive Behavior,* 24(3), 181-191.

42 Coscia, E. M., Phillips, D. P., & Fentress, J. C. (1991). Spectral analysis of neonatal wolf *Canis lupus* vocalizations. *Bioacoustics,* 3(4), 275-293.; Oláh, K., Topál, J., & Gergely, A. (2021). Communication in dogs and wolves. *The Cambridge handbook of animal cognition.* Cambridge University Press, Cambridge, 74-99.

43 Bekoff, M., & Pierce, J. (2009). *Wild Justice: The Moral Lives of Animals.* University of Chicago Press.

44 Quervel-Chaumette, M., Faerber, V., Faragó, T., Marshall-Pescini, S., & Range, F. (2016). Investigating empathy-like responding to conspecifics' distress in pet dogs. *PloS one,* 11(4), e0152920.

Kampf oder einer gescheiterten Jagd[45]. Durch die enge soziale Bindung im Rudel/in der Gruppe können sich die Tiere emotional stabilisieren, indem sie sich gegenseitig Trost und Unterstützung bieten. Dieses gegenseitige Fürsorgeverhalten dient als Schutzfaktor gegen langfristige Traumafolgen und psychische Belastungen. Studien zeigen, dass Stress und Angst bei Tieren in Gruppen reduziert werden, da sie sich gegenseitig beruhigen und sozial stabilisieren[46]. Insbesondere Welpen profitieren von der emotionalen Sicherheit und den beruhigenden Signalen ihrer Mutter und anderer Gruppenmitglieder.[47]

Neurobiologische Grundlagen der Co-Regulation und Bindung bei Caniden

1. Oxytocin – Das „Bindungshormon"

Oxytocin ist eines der wichtigsten Hormone in der sozialen Interaktion bei Caniden. Es wird im Hypothalamus gebildet und bei sozialen Interaktionen – wie Körperkontakt, gegenseitigem Lecken, Blickkontakt oder Pflegeverhalten – ausgeschüttet.

Wirkungen bei Caniden:

- Oxytocin fördert die soziale Interaktion und Nähe, Vertrauen, Bindung und Stressreduktion[48].
- Oxytocin wirkt angstlösend, beruhigend und fördert prosoziales Verhalten – das wurde auch bei Hunden nachgewiesen[49].

---

45 Hofer, H., & East, M. L. (1993). The Social Systems of Wild Canids. *Behavioral Ecology and Sociobiology,* 33(5), 285 – 295.

46 Lloyd, J. M., et al. (2016). Social Support in Wild Canids: The Role of Co-Regulation in Stress and Trauma Responses. *Animal Behavior,* 112(1), 101 – 111.

47 Haller, J. (1995). Biochemical background for an analysis of cost-benefit interrelations in aggression. *Neuroscience & Biobehavioral Reviews,* 19(4), 599-604.; Hansen, J. C. (2014). *Attachment, Vagal Tone, and Co-regulation During Infancy.* Brigham Young University.

48 De Santis, M., Soncin, M., Bertazzo, V., Martelli, L., Fornasiero, D., Mutinelli, F., & Contalbrigo, L. (2025). A Scoping Review on Salivary Oxytocin and Vasopressin Measurement in the Dog. *Animals,* 15(16), 2421.

49 Nagasawa, M., Mitsui, S., En, S., Ohtani, N., Ohta, M., Sakuma, Y., ... & Kikusui, T. (2015). Oxytocin-gaze positive loop and the coevolution of human-dog bonds. *Science,* 348(6232), 333 – 336.

- Oxytocin fördert die Bindung zwischen Mutter und Welpen, aber auch zwischen erwachsenen Gruppenmitgliedern[50].
- Oxytocin reduziert Angst und Stress, indem es die Aktivität der Amygdala (Angstzentrum) herunterreguliert[51].
- Oxytocin steigert soziales Vertrauen und erhöht die Bereitschaft zur Kooperation[52].
- Oxytocin moduliert emotionale Wahrnehmung, z. B. wie ein Hund auf die Emotionen anderer reagiert[53].

Oxytocin wirkt demnach wie ein „soziales Schmiermittel", das emotionale Koordination und Stressbewältigung erleichtert.

2. Vasopressin – Sozialverhalten und Territorialität

Vasopressin ist ein weiteres Hormon das soziale Funktionen übernimmt:

- Fördert Territorialverhalten und soziale Hierarchien[54].
- Verstärkt soziale Erinnerungen, z. B. wer ein verlässlicher Sozialpartner ist.
- Wirkt stressmodulierend, vor allem in internen sozialen Auseinandersetzungen[55] (Insel & Fernald, 2004).

---

50 Nagasawa, M., Mitsui, S., En, S., Ohtani, N., Ohta, M., Sakuma, Y., ... & Kikusui, T. (2015). Oxytocin-gaze positive loop and the coevolution of human-dog bonds. *Science,* 348(6232), 333–336.

51 Jurek, B., & Neumann, I. D. (2018). The oxytocin receptor: From intracellular signaling to behavior. *Physiological Reviews,* 98(3), 1805–1908.

52 Romero, T., Nagasawa, M., Mogi, K., Hasegawa, T., & Kikusui, T. (2014). Oxytocin promotes social bonding in dogs. *Proceedings of the National Academy of Sciences,* 111(25), 9085–9090.

53 Burkett, J. P., & Young, L. J. (2012). The behavioral, anatomical and pharmacological parallels between social attachment, love and addiction. *Psychopharmacology,* 224(1), 1–26.

54 Donaldson, Z. R., & Young, L. J. (2008). Oxytocin, vasopressin, and the neurogenetics of sociality. *Science,* 322(5903), 900–904.

55 De Santis, M., Soncin, M., Bertazzo, V., Martelli, L., Fornasiero, D., Mutinelli, F., & Contalbrigo, L. (2025). A Scoping Review on Salivary Oxytocin and Vasopressin Measurement in the Dog. *Animals,* 15(16), 2421.

3. Cortisol – Stress und seine Regulation

Cortisol, das zentrale Hormon der Stressachse (Hypothalamus-Hypophysen-Nebennierenrinden-Achse, HPA), steigt bei Caniden bei Bedrohung, sozialem Konflikt oder Isolation.

- Chronisch hohe Cortisolspiegel führen zu sozialem Rückzugsverhalten, Misstrauen und Hypervigilanz[56].
- In gut funktionierenden Gruppen puffern soziale Interaktionen die Cortisolantwort ab.
- Die soziale Beruhigung nach Konflikten (z. B. durch körperliche Nähe) senkt Cortisol und fördert Wiederannäherung[57].

4. Serotonin – Stimmung, Impulskontrolle und soziale Stabilität

Serotonin ist ein Neurotransmitter, der stark mit Stimmungsregulation, Impulskontrolle und sozialer Anpassung assoziiert ist.

- In stabilen sozialen Gruppen ist Serotonin relativ hoch, was Aggressionen und Impulsivität hemmt[58].
- Niedrige Serotoninspiegel sind mit instabilem Verhalten, Konflikten und gestörtem Bindungsverhalten assoziiert.
- Positive soziale Erfahrungen wie Spiel, Kooperation oder körperliche Nähe fördern die Serotoninausschüttung.

---

56 Ständige übermäßige Wachsamkeit und Anspannung, als ob ständig Gefahr droht.

57 Kikusui, T., Winslow, J. T., & Mori, Y. (2006). Social buffering: Relief from stress and anxiety. *Philosophical Transactions of the Royal Society B: Biological Sciences*, 361(1476), 2215 – 2228

58 Popova, N. K. (2006). From genes to aggressive behavior: The role of serotonergic system. *BioEssays*, 28(5), 495 – 503.

5. Dopamin - Belohnung und Motivation

Dopamin ist zentral für Motivation, Lernen und positive Verstärkung.

- Soziale Interaktion aktiviert das dopaminerge Belohnungssystem, z. B. beim Spiel oder bei kooperativer Jagd.
- Positive soziale Erlebnisse (Pflege, Spiel, Koordination) werden neurobiologisch als „belohnend" abgespeichert[59].
- Dopamin unterstützt das soziale Lernen, etwa durch Imitation oder Beobachtung.

6. Neuronale Synchronisation - Gemeinsame Zustände

Soziale Tiere wie Hunde zeigen häufig neuronale Synchronisation – ein Phänomen, bei dem sich Hirnwellenmuster zwischen Individuen angleichen, besonders bei:

- Gleichzeitiger Aufmerksamkeit (z. B. auf Beute),
- Synchronisierten Ruhephasen,
- Emotionaler Ansteckung (z. B. Aufregung bei Gefahr oder Freude beim Wiedersehen),
- Spiegelverhalten (z. B. Spielbewegungen, Körpersprache).

Diese interpersonelle neuronale Resonanz erleichtert die soziale Abstimmung und wird teilweise über die Spiegelneuronen-Systeme vermittelt[60].

---

59 Schultz, W. (2007). Multiple dopamine functions at different time courses. *Annual Review of Neuroscience*, 30, 259–288

60 Ferrari, P. F., & Coudé, G. (2018). Mirror Neurons in the Animal Kingdom. *Annual Review of Animal Biosciences*, 6, 35–53

7. Spiegelneuronen – Grundlage für Empathie und Lernen

Bei sozialen Tieren wie Hunden wird vermutet, dass ein Spiegelneuronen-System vorhanden ist – also Neuronen, die aktiv werden, wenn das Tier eine Handlung selbst ausführt oder dieselbe bei einem Artgenossen beobachtet.[61]

- Fördert empathisches Verhalten, z. B. Reaktionen auf Stress oder Freude anderer[62].
- Unterstützt soziales Lernen durch Nachahmung.
- Hilft bei der emotionalen Co-Regulation, da emotionale Zustände anderer „mitgefühlt" und angepasst werden können.

Die Fähigkeit von Caniden zur sozialen Bindung, emotionalen Stabilität und Co-Regulation beruht auf einem fein abgestimmten neurobiologischen System. Oxytocin und Dopamin fördern positive Bindungserfahrungen und soziales Lernen. Cortisol zeigt Stress an, wird aber durch soziale Interaktion moduliert. Auch Serotonin und Vasopressin regulieren das Gleichgewicht und diese neuronale Synchronisation erlaubt emotionale Resonanz und soziale Feinabstimmung.

8. Interpersonelle neuronale Resonanz

Interpersonelle neuronale Resonanz ist ein faszinierendes Konzept aus der Sozialneurowissenschaft, das sich auf die Synchronisation von Gehirnaktivität zwischen zwei oder mehr Individuen während sozialer Interaktionen bezieht. Diese Form der neuronalen „Resonanz" ermöglicht es sozialen Wesen – wie auch Caniden – emotionale Zustände, Absichten und Verhalten anderer zu spiegeln, zu verstehen und darauf zu reagieren. Emotionale Resonanz oder „Emotional Contagion" sind emotionale Zustände, die ohne bewusste Reflexion übernommen oder gespiegelt werden. Interbrain Synchronisation beschreibt ein synchrones

---

61 Lamontagne, A., & Gaunet, F. (2024). Behavioural Synchronisation between Dogs and Humans: Unveiling Interspecific Motor Resonance?. *Animals*, 14(4), 548.

62 Rizzolatti, G., & Sinigaglia, C. (2010). The functional role of the parieto-frontal mirror circuit: interpretations and misinterpretations. *Nature Reviews Neuroscience*, 11(4), 264 – 274

(= zeitlich korreliertes) Aktivitätsmuster zwischen den Gehirnen von zwei Individuen.[63] Diese zeitlich koordinierte Aktivität in den Gehirnen mehrerer Individuen, ist messbar über synchronisierte Hirnwellen (z. B. im Gamma- oder Alpha-Band). Bei Hunden gibt es EEG-Forschung zur neuronalen Resonanz:

a) Emotionale Ansteckung durch Spiegelprozesse

» Beispiel: Ein aufgeregter oder ängstlicher Hund überträgt seine emotionale Erregung auf andere Gruppenmitglieder – sichtbar an Körpersprache, Vokalisation oder Verhalten.

» Dies wird durch spiegelneuronenartige Netzwerke vermittelt, die Bewegung und Emotion anderer reflektieren.[64]

b) Synchronisierte Aufmerksamkeit

» Beim gemeinsamen Erspähen von Beute ist die Aufmerksamkeit synchronisiert, was vermutlich auch mit neuronaler Synchronisation im visuellen und motorischen Kortex einhergeht.

» Diese Form der Resonanz verbessert koordiniertes Handeln, etwa bei Angriffen oder Umzingelung.

c) Soziale Beruhigung und Regulation

» Nach Konflikten oder Stressereignissen führt soziale Nähe zu einer Angleichung physiologischer Zustände (z. B. Herzfrequenz, Hormonspiegel).

---

63 Ren, W., Yu, S., Guo, K., Lu, C., & Zhang, Y. Q. (2024). Disrupted Human-Dog Interbrain Neural Coupling in Autism-Associated Shank3 Mutant Dogs. *Advanced Science,* 11(41), 2402493

64 Ferrari, P. F., & Coudé, G. (2018). Mirror neurons, embodied emotions, and empathy. In *Neuronal correlates of empathy* (pp. 67-77). Academic Press.

Es gibt einige Studien, die Aspekte der neuronalen oder Verhaltensresonanz bei Hunden untersuchten:

Studie / Aspekt	Befunde	Bedeutung für neuronale Resonanz oder verwandte Prozesse
Social relationship-dependent neural response to speech[65]	Hunde zeigen verstärkte Aktivität im auditorischen Kortex und im caudate nucleus wenn Besitzer vs. fremde Person Lob ausspricht. Je stärker die Bindung, desto stärker die Aktivität.	Hinweis, dass vertraute soziale Beziehung die neuronale Verarbeitung beeinflusst – Resonanz auf sprachliche Signale ist nicht neutral, sondern moduliert durch Beziehung.
Neural Responses of Pet Dogs Witnessing-Their Caregiver's Positive Interactions with a Conspecific[66]	Wenn der Mensch (Versorger) positiv mit einem anderen Hund interagiert, zeigen Hunde erhöhte Aktivität in Amygdala, Insula und Hypothalamus—also in emotional/affektiven Regionen.	Das deutet auf Erregung, Aufmerksamkeit und emotionale Valenz hin – also eine Art Reaktion auf das, was für die Bindung des Hundes relevant ist.

Fortsetzung nächste Seite

65 Gábor, A., Andics, A., Miklósi, Á., Czeibert, K., Carreiro, C., & Gácsi, M. (2021). Social relationship-dependent neural response to speech in dogs. *Neuroimage*, 243, 118480.

66 Karl, S., Sladky, R., Lamm, C., & Huber, L. (2021). Neural responses of pet dogs witnessing their caregiver's positive interactions with a conspecific: an fMRI study. *Cerebral Cortex Communications*, 2(3), tgab0

Studie / Aspekt	Befunde	Bedeutung für neuronale Resonanz oder verwandte Prozesse
Dog-human social relationship: representation of human face familiarity and emotions[67]	Hunde reagieren neural (fMRI) auf bekannte vs. unbekannte menschliche Gesichter und auf emotionale Ausdrücke (positiv/negativ/neutral). Aktivierung in Caudate, Amygdala, Hippocampus. Diese Aktivierung korreliert auch mit Verhalten (z. B. wie lange der Hund sich an Menschen orientiert) außerhalb des Gehirns.	Das spricht dafür, dass Hunde nicht nur visuelle Reize unterscheiden, sondern emotionale Bedeutung wahrnehmen und sie sozial bewerten. Ein Teil der Resonanz: Der Hund spiegelt nicht nur, sondern bewertet sozial.
Emotional contagion in dogs[68]	Hunde reagieren mit Änderung des Verhaltens auf emotionale Laute von Menschen und Hunden.	Ein Hinweis auf emotionale Resonanz oder „state matching" – Mindestanforderung für Empathie.

Fortsetzung nächste Seite

67 Thompkins, A. M., Lazarowski, L., Ramaiahgari, B., Gotoor, S. S. R., Waggoner, P., Denney, T. S., … & Katz, J. S. (2021). Dog-human social relationship: representation of human face familiarity and emotions in the dog brain. *Animal Cognition*, 24(2), 251 – 266.

68 Sümegi, Z., Oláh, K., & Topál, J. (2014). Emotional contagion in dogs as measured by change in cognitive task performance. *Applied Animal Behaviour Science*, 160, 106 – 115.

Studie / Aspekt	Befunde	Bedeutung für neuronale Resonanz oder verwandte Prozesse
Behavioural Synchronisation between Dogs and Humans: Unveiling Interspecific Motor Resonance?[69]	Hunde synchronisieren ihr Verhalten mit dem von Menschen – z. B. Bewegungen, Blick, soziale Referenzierung. Es wird diskutiert, ob diese Synchronisation durch motorische Resonanz bzw. Spiegelneuronen zustande kommt.	Verhaltensdaten sprechen dafür, dass Hunde die Voraussetzungen für Resonanzprozesse (Motorik, Aufmerksamkeit, Sozialisation etc.) besitzen.

69 Lamontagne, A., & Gaunet, F. (2024). Behavioural Synchronisation between Dogs and Humans: Unveiling Interspecific Motor Resonance?. *Animals*, 14(4), 548.

Diese Synchronisation kann sowohl durch gemeinsame äußere Reize (z.B. gleichzeitiger Blick auf ein Beutetier „Joint attention") als auch durch emotionale oder soziale Verbindung entstehen[70]. Nicht jede Interaktion löst Resonanz aus; es kommt auf die emotionale Bedeutung an (positiv/negativ) und wie relevant sie für den Hund ist. Bei sozialen Arten, die stark auf Kooperation angewiesen sind trägt diese Resonanz zur emotionalen Abstimmung, zum gemeinsamen Handeln und zur Feinabstimmung von Gruppendynamik bei.

Neuronale Resonanz in interozeptiven und emotionalen Netzwerken bei Caniden

Die Fähigkeit sozialer Tierarten zur emotionalen Co-Regulation basiert nicht nur auf beobachtbarem Verhalten, sondern ist tief im neurobiologischen Substrat verankert. Ein zentrales Element dabei ist die neuronale Resonanz – also die zeitliche Abstimmung der neuronalen Aktivität zwischen Individuen – insbesondere in Hirnnetzwerken, die mit Interozeption und Emotionsverarbeitung verbunden sind[71,72].

Was ist Interozeption?

Interozeption bezeichnet die Wahrnehmung innerer Körperzustände – wie Herzschlag, Atemrhythmus, Muskelspannung, Temperatur oder viszerale Empfindungen. Sie ist eng mit emotionalem Erleben verknüpft: Emotionen entstehen zu einem großen Teil durch die Verarbeitung dieser Körperzustände im Gehirn[73].

Bei Caniden ermöglicht die interozeptive Wahrnehmung sowohl das individuelle emotionale Empfinden als auch die emotionale Abstimmung

---

70 Dumas, G., Nadel, J., Soussignan, R., Martinerie, J., & Garnero, L. (2010). Inter-brain synchronization during social interaction. *PLoS ONE*, 5(8), e12166

71 Dumas, G., Nadel, J., Soussignan, R., Martinerie, J., & Garnero, L. (2010). Inter-brain synchronization during social interaction. *PLoS ONE*, 5(8), e12166.

72 Craig, A. D. (2009). How do you feel—now? The anterior insula and human awareness. *Nature Reviews Neuroscience*, 10(1), 59 – 70

73 Barrett, L. F. (2017). *How emotions are made: The secret life of the brain.* Houghton Mifflin Harcourt

mit Gruppenmitgliedern, z. B. in stressvollen oder freudvollen Situationen.

Dahinter steht neuronale Resonanz in Netzwerken der **Interozeption** und Emotionsverarbeitung:

Bereich	Funktion
Spiegelneuronen-System (M1, PMv, STS)	Erkennen und Nachahmen von Bewegungen anderer
Amygdala	Emotionale Bewertung von sozialen Reizen
Insula	Verarbeitung eigener und fremder Körperzustände („interozeptives Empathiesystem“)
Anteriorer cingulärer Cortex (ACC)	Konfliktüberwachung, Empathie, emotionale Resonanz
Hippocampus	Soziales Gedächtnis (Wer ist freundlich/feindlich?)
Oxytocin-System	Förderung von Vertrauen, Affiliation, neuronaler Offenheit für soziale Signale

In sozialen Situationen kann es zu einer Synchronisation der neuronalen Aktivität in diesen Netzwerken zwischen Individuen kommen – dies bezeichnet man als interpersonelle neuronale Resonanz[74]. Wenn also ein Gruppenmitglied Anzeichen von Angst zeigt (z. B. Körperspannung, Lautäußerung), erfassen andere in der Gruppe diese Signale nicht nur visuell, sondern erleben eine körperlich-emotionale Reaktion, vermittelt über das eigene interozeptive System. Diese gemeinsame Aktivierung von Insula, ACC und Amygdala führt zu einem synchronisierten emotionalen Zustand – etwa kollektiver Vorsicht. Dies ist besonders wichtig bei Mutter-Welpen-Interaktionen, aber auch bei sozialem Spiel oder nach Konflikten[75].

Beispielhafte Funktionen der neuronalen Resonanz in interozeptiven Netzwerken bei Kaniden

Funktion	Neuronale Basis	Bedeutung für soziale Dynamik
Emotionale Ansteckung	Insula, ACC, Amygdala	Schnellere Abstimmung im Rudel bei Gefahr oder Freude
Soziale Beruhigung	Insula, Hypothalamus, Oxytocin-System	Stressreduktion durch Nähe, Körperkontakt
Soziales Lernen	Spiegelneuronen + Insula + OFC	Lernen durch Beobachtung emotionaler Reaktionen anderer
Bindung	ACC, Insula, Oxytocin-System	Förderung von Vertrauen und Stabilität in Beziehungen

74 Dumas, G., Nadel, J., Soussignan, R., Martinerie, J., & Garnero, L. (2010). Inter-brain synchronization during social interaction. *PLoS ONE*, 5(8), e12166.

75 Kikusui, T., Winslow, J. T., & Mori, Y. (2006). Social buffering: Relief from stress and anxiety. *Philosophical Transactions of the Royal Society B: Biological Sciences*, 361(1476), 2215 – 2228

Durch die enge Verknüpfung von Körperwahrnehmung und Emotion ermöglicht die Interozeption eine präreflexive Form der sozialen Abstimmung – d. h. noch bevor kognitive Bewertungen einsetzen. Kaniden erleben emotionale Zustände anderer nicht nur als „Signal", sondern als eigene körperlich-emotionale Erfahrung, was ihnen eine intuitive Reaktion ermöglicht. Diese verkörperte soziale Resonanz bildet die Grundlage für empathieähnliche Prozesse, die Feinabstimmung in kooperativen Handlungen, stabile emotionale Bindungen und eine effiziente Stressbewältigung im Gruppenverband.

Relevante Hirnregionen

Die zentrale Struktur zur Verarbeitung interozeptiver Informationen ist die Insula – insbesondere der anteriore insuläre Cortex (AIC). Diese Region integriert Signale aus dem Körperinneren mit emotionalen und sozialen Kontexten.

Weitere beteiligte Areale:

- **Anteriorer cingulärer Cortex (ACC):** Konflikterkennung, Affektdetektion, Schmerzempfinden (auch „sozialer Schmerz")

- **Amygdala:** emotionale Bewertung von Reizen (Bedrohung vs. Sicherheit)

- **Orbitofrontaler Cortex (OFC):** Integration emotionaler und sozialer Informationen zur Verhaltenssteuerung

- **Hypothalamus:** Regulation des autonomen Nervensystems und Hormonfreisetzung (z. B. Oxytocin, Cortisol)

Diese Areale bilden ein funktionelles Netzwerk, das sowohl bei eigener Emotionsverarbeitung als auch bei der Wahrnehmung von Emotionen anderer aktiv ist.

Auswirkungen von Trauma auf Verhalten und Bindung

Trauma kann bei Hunden vielfältige Auswirkungen haben. Oft zeigen sich Verhaltensänderungen wie Angst, Zurückgezogenheit, Aggression oder Unsicherheit. Ein Hund, der traumatisiert ist, kann Schwierigkeiten haben, Vertrauen aufzubauen und sich an seinen Menschen zu binden. Trauma kann bei Hunden, wie bei Menschen, tiefgreifende neurobiologische Veränderungen hervorrufen. Studien zeigen, dass traumatische Erfahrungen die Funktion des Hypothalamus-Hypophysen-Nebennierenrinden-Systems (HPA-Achse) beeinflussen, das für die Stressregulation verantwortlich ist[76]. Eine Überaktivierung dieser Achse durch traumatische Erlebnisse führt zu einer erhöhten Ausschüttung von Stresshormonen wie Cortisol, was langfristig die neuronale Plastizität im Gehirn beeinträchtigen kann[77]. Traumatische Erfahrungen führen bei Hunden zu messbaren Veränderungen in zentralen Strukturen des limbischen Systems, insbesondere der Amygdala und des präfrontalen Kortex. Diese Areale steuern die Verarbeitung emotionaler Reize und die Regulation von Angst- und Stressreaktionen. Nach belastenden Erlebnissen zeigen Hunde häufig eine Hyperaktivität der Amygdala sowie eine verminderte hemmende Kontrolle durch präfrontale Strukturen, was ängstliches, unsicheres oder aggressives Verhalten erhöht[78].

Eine Traumafolgestörung beschreibt eine tiefgreifende Reaktion des Nervensystems auf überwältigende Erfahrungen, die ein Organismus nicht vollständig verarbeiten konnte. In der Wissenschaft spricht man von einer Dysregulation des Stresssystems, bei der vor allem Strukturen wie die Amygdala (Gefahrenerkennung), der Hippocampus (Gedächtnis und Kontext) und der präfrontale Kortex (Regulation, Einordnung) aus dem Gleichgewicht geraten. Das autonome Nervensystem, insbesondere der Wechsel zwischen Sympathikus (Alarm, Kampf oder Flucht)

---

76 Sandi, C., & Haller, J. (2015). Stress and the social brain: Behavioural effects and neurobiological mechanisms. *Nature reviews Neuroscience*, 16(5), 290 – 304.

77 Lupien, S. J., McEwen, B. S., Gunnar, M. R., & Heim, C. (2009). Effects of stress throughout the lifespan on the brain, behaviour and cognition. *Nature reviews neuroscience*, 10(6), 434 – 445.

78 Yong, M. H., Ruffman, T., & Labuschagne, I. (2017). Amygdala function and behavior in dogs: A review and future directions. *Neuroscience & Biobehavioral Reviews*, 74, 72 – 80. https://doi.org/10.1016/j.neubiorev.2017.01.006

und Parasympathikus (Ruhe, Verdauung, Erholung), gerät dauerhaft aus der Balance.

Trauma ist keine Erinnerung, sondern ein Zustand im Körper. Hunde erleben nicht in Worten, sondern in Körperzuständen. Ein Hund, der eine Traumafolgestörung entwickelt trägt die Erfahrung nicht als „Geschichte" mit sich, sondern als gespeicherte „Überwältigung" im Nervensystem.

Das zeigt sich im Verhalten oft auf widersprüchliche Weise. Manche Hunde reagieren mit extremer Schreckhaftigkeit, ziehen sich zurück, wirken „abwesend" oder „eingefroren". Andere zeigen Hypervigilanz, sind ständig in Alarmbereitschaft, kommen nicht zur Ruhe. Wieder andere pendeln zwischen diesen Zuständen – ein Zeichen für eine instabile Selbstregulation. Wissenschaftlich beschrieben finden sich hier Symptome, die unter dem Begriff PTBS (Posttraumatische Belastungsstörung) bekannt sind: Übererregung, intrusive Erinnerungen (bei Hunden eher körperlich getriggert, z. B. durch einen Geruch oder ein Geräusch), Vermeidung bestimmter Situationen und dissoziatives Verhalten (dazu mehr im Kapitel 7).

Neurobiologisch gesehen bedeutet das: Die Amygdala ist überaktiv, der Hippocampus kann die Bedrohung nicht „in die Vergangenheit" einordnen, der präfrontale Kortex hat wenig Einfluss. Das autonome Nervensystem springt bei kleinsten Auslösern in Überlebensprogramme. Hier sehen wir „eingefrorene Notprogramme", die im Körper gespeichert sind. Bei Hunden bedeutet das: Ein bestimmter Griff an den Körper, ein lautes Geräusch oder ein Geruch können das Notprogramm „Gefahr!" aktivieren, auch wenn objektiv keine Gefahr mehr besteht.

Wohin führt das? Wenn ein Hund mit einer Traumafolgestörung lebt, erlebt er chronischen Stress. Stresshormone beeinflussen auch die körperliche Gesundheit: Verdauungsprobleme, Hauterkrankungen, Immunschwäche entwickeln sich häufig.

So zeigt sich eine Traumafolgestörung beim Hund in einem breiten Spektrum von Symptomen und Verhaltensweisen, die letztlich alle ein Ausdruck desselben neurobiologischen Prozesses sind: ein Nervensystem, das einmal überwältigt wurde und nun in alten Überlebensmustern festhängt - und das gleichzeitig die Fähigkeit zur Heilung in sich trägt, wenn es Sicherheit, Verständnis und Zeit bekommt.

Das Stresstoleranzfenster – oder: das Fenster der Toleranz (Window of Tolerance) nach Dan Siegel[79]

Das Nervensystem unserer Hunde hat einen Bereich, in dem es sich optimal regulieren kann. Diesen Bereich nennt man das *Fenster der Toleranz* oder das *Stresstoleranzfenster*. Das *Fenster der Toleranz* beschreibt einen Bereich optimaler Erregung, innerhalb dessen unser Hund fähig ist, flexibel, selbstreguliert und sozial verbunden zu agieren. Dieser Begriff geht ursprünglich auf Dan Siegel und die Traumaforscherin Patricia Ogden und Kollegen zurück[80]. Innerhalb dieses Bereichs funktioniert das Nervensystem so, dass emotionale und kognitive Prozesse integriert werden können. Ein Hund erlebt Stressoren, aber diese überfordern ihn nicht. Innerhalb dieses Fensters können Hunde wach, präsent und flexibel reagieren. Sie fühlen sich ausreichend sicher, um sowohl zu fühlen als auch zu denken und zu lernen. Selbst wenn Stress entsteht, können sie diesen wieder adäquat abbauen.

---

79 Siegel, D. J. (1999). *The developing mind: Toward a neurobiology of interpersonal experience.* Guilford Press.

80 Ogden, P., Minton, K., & Pain, C. (2006). *Trauma and the body: A sensorimotor approach to psychotherapy.* New York, NY: Norton.

Stresstoleranzfenster
(nach Dan Siegel)

Das autonome Nervensystem (ANS) in Balance

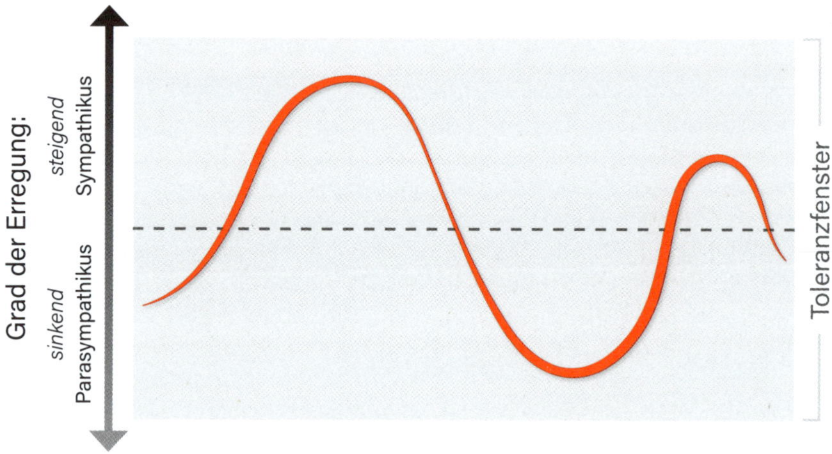

Optimaler Grad der Erregung = Sicherheit

Gerät das Nervensystem durch äußere oder innere Reize jedoch oberhalb dieses Fensters in einen Zustand, der als bedrohlich erlebt wird, kann es in eine sogenannte *Hyperarousal*-Reaktion wechseln. Der Sympathikus übernimmt die Führung: Herzschlag und Atmung beschleunigen sich, die Muskeln spannen sich an. Hunde befinden sich dann in einem Zustand der Übererregung: Panik, innere Rastlosigkeit, Wut, Schreckhaftigkeit, Hunde bei denen wir das Gefühl haben, dass sie „gleich explodieren". Dieser Zustand ist evolutionär betrachtet eine Kampf oder Fluchtreaktion. Bei traumatisierten Hunden kann diese Reaktion schon bei schwachen Triggern aktiviert werden, weil ihr Stresstoleranzfenster oft sehr eng ist.

Fallen sie hingegen *unterhalb* des Fensters, wenn weder Kampf noch Flucht möglich sind, schaltet der Organismus in ein *Hypoarousal*: eine Art Erstarrung oder Abschaltung. Der dorsale Anteil des Vagusnervs wird aktiv, was zu einem drastischen Herunterfahren der inneren Aktivität führt (dazu mehr siehe Kapitel 8). Betroffene Hunde zeigen Symptome wie Untererregung, Dissoziation und Antriebslosigkeit, Müdigkeit und Wahrnehmungsverlust.

ANS mit Über- und Untererregung – Extremstress / dysregulierter Zustand

Übererregung: Fight / Flight / Freeze
= desorganisierte Verarbeitung & mangelnde Sicherheit im ANS

Überflutungszustände (Bilder / Emotion / Körper) ▪ Angst / Panik
Impulsivität / Aggression ▪ Reizbarkeit / Nervosität

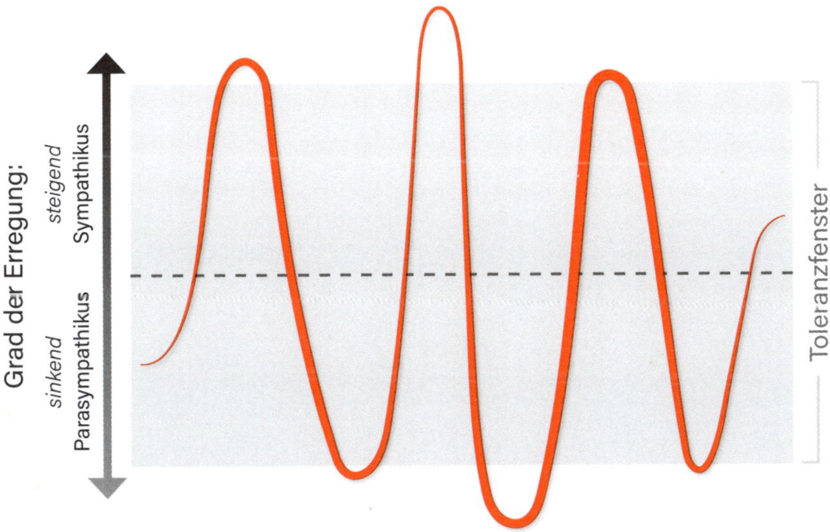

Untererregung: Shutdown = Immobilisierung
= verminderte Verarbeitung & mangelnde Sicherheit im ANS

Wenig fühlen ▪ Emotionales Unbeteiligtsein ▪ Körperliche Taubheit
Reduziertes Bindungs-/Nähebedürfnis ▪ Depressive Symptome ▪ Dissoziative Symptome
Passivität / Ziellosigkeit ▪ Antriebslosigkeit ▪ Erschöpfung / Burnout ▪ Niedriger Muskeltonus

Ein wichtiger Teil von Heilung bedeutet, das Stressfenster oder *window of tolerance* wieder zu weiten – durch sichere Erfahrungen, durch Regulationstechniken und durch achtsame Begleitung und Unterstützung. Mit der Zeit lernt das System: *Ich darf fühlen. Ich halte das aus. Ich finde wieder zurück.*

Das Konzept des Stressfensters hilft, das Verhalten betroffener Hunde besser einzuordnen. Es macht sichtbar, dass Über- und Untererregung keine „Charakterschwächen" sind, sondern automatische Schutzreaktionen des Nervensystems. Hunde mit traumatischen Erfahrungen haben ein schmaleres Fenster: Schon moderate Belastungen führen sie in Hyper- oder Hypoarousal. Traumatherapie und traumasensible Begleitung setzen deshalb genau hier an: Ziel ist es, das Stressfenster Stück für Stück zu weiten. Durch sichere Beziehungen, Ressourcenarbeit und Körperübungen lernen betroffene Hunde, wieder häufiger und länger im regulierten Bereich zu bleiben[81].

Warum Traumasensibilität im Umgang mit Hunden wichtig ist

Hunde tragen – genau wie wir Menschen – Erfahrungen in sich. Manche von ihnen sind hell und leicht, andere dunkel und schwer. Ein Hund, der Gewalt, Vernachlässigung oder ständige Überforderung erlebt hat, reagiert anders als ein unbelasteter Hund: Er zieht sich zurück, schnellt plötzlich nach vorn, erstarrt bei bestimmten Geräuschen. Diese Reaktionen sind keine „Macken", sondern Ausdruck eines Nervensystems, das gelernt hat, immer in Alarmbereitschaft zu leben.

Trauma verändert Gehirn und Körper. Stresshormone werden schneller ausgeschüttet, der präfrontale Kortex – zuständig für Abwägung und Impulskontrolle – schaltet in bedrohlichen Momenten ab, während ältere Überlebensprogramme („Flucht!", „Angriff!") dominieren. Wer das

---

81 Siegel, D. J. (1999). *The developing mind: How relationships and the brain interact to shape who we are.* New York, NY: Guilford Press.

versteht, sieht im Verhalten des Hundes keine Sturheit, sondern Überlebenslogik.

Traumasensibler Umgang heißt: Wir begegnen dem Hund nicht mit Zwang oder Strafe, sondern mit feinfühliger Beobachtung, klaren Strukturen, sicheren Rückzugsorten und kleinen, positiv erlebbaren Lernschritten. So kann sein Nervensystem langsam wieder Vertrauen aufbauen.

Es ist bewegend zu sehen, wie ein Hund, der einst panisch war, plötzlich wagt, den Blick zu heben, leise zu wedeln, sich anzulehnen. In diesen Momenten spüren wir: Traumasensibilität ist keine nette Zusatzoption – sie ist Schlüssel zu Heilung, zu Beziehung, zu einem gemeinsamen Leben, das für beide Seiten leichter wird und eine essenzielle Fähigkeit, um das Unsichtbare sichtbar zu machen und den zugrunde liegenden Emotionen aber auch biologischen Funktionen gerecht zu werden und sie zu verstehen.

2. Arten der Gewalt

Gewalt ist ein vielschichtiges Phänomen: Sie reicht von sichtbaren physischen Handlungen bis hin zu unsichtbaren, strukturell oder symbolisch verankerten Machtmechanismen. Das Galtungs-Dreieck[82] bietet eine nützliche Analyseebene, um individuelle, gesellschaftliche und kulturelle Dimensionen miteinander zu verknüpfen.

Das Galtungs-Dreieck, entwickelt vom Friedensforscher Johan Galtung (1990), ist ein Modell zur Analyse von Konflikten und Gewalt. Es verknüpft drei Dimensionen, die zusammenwirken und sich gegenseitig beeinflussen:

1. Direkte Gewalt

- sichtbar und konkret, etwa physische Angriffe, Drohungen oder Misshandlungen.
- im Hundekontext z. B. körperliche Strafen oder aggressive Übergriffe.

2. Strukturelle Gewalt

- in gesellschaftlichen oder institutionellen Strukturen verankert, oft unsichtbar.
- z. B. Haltungsbedingungen, rechtliche Rahmen oder wirtschaftliche Zwänge, die Leid verursachen, ohne dass ein individueller Täter sichtbar ist.

82 Galtung, J. (1990). *Cultural violence. Journal of Peace Research,* 27(3), 291–305. https://doi.org/10.1177/0022343390027003005

3. Kulturelle Gewalt

- Werte, Normen, Ideologien oder Denkweisen, die Gewalt legitimieren oder rechtfertigen.
- z. B. die Überzeugung, Hunde müssten mit Härte „dominanzgerecht" erzogen werden, um zu „funktionieren".

Zentrale Idee:

Diese drei Ebenen bilden ein Dreieck:

- Die Spitze zeigt die **sichtbare direkte Gewalt.**
- Die beiden unteren Ecken stehen für **strukturelle** und **kulturelle Gewalt**, die im Hintergrund wirken und direkte Gewalt begünstigen oder rechtfertigen.

Galtungs Modell hilft, komplexe Situationen zu verstehen, weil es nicht nur das Sichtbare (z. B. Misshandlung eines Hundes) betrachtet, sondern auch die tieferliegenden sozialen und kulturellen Faktoren mit einbezieht.

Gewaltdreieck nach Galtung

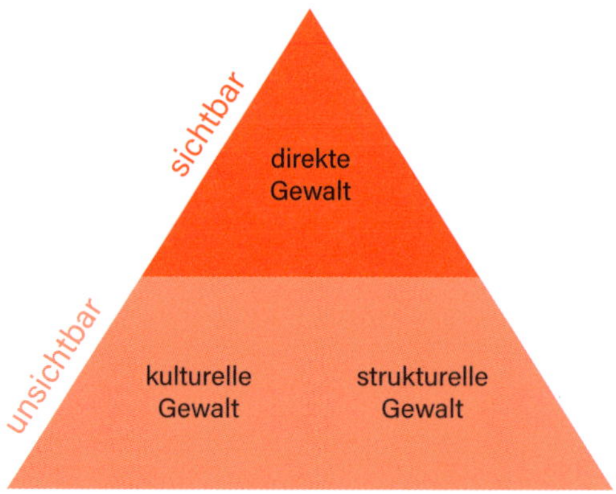

Im wissenschaftlichen Diskurs verstehen wir Gewalt gegen Tiere als verschiedenartige Aggressions- und Misshandlungsformen, die über bloße instinktive Verteidigungsreaktionen hinausgehen.

Überblick über verschiedene Gewaltformen

Form	Beschreibung
Physische Gewalt	Körperliche Einwirkung zur Verletzung, Einschüchterung oder Kontrolle
Psychische Gewalt	Emotionale Manipulation, Drohungen, Demütigung
Sexualisierte Gewalt	Erzwingen sexueller Handlungen oder Grenzverletzungen
Verbale Gewalt	Gewalt durch Sprache (drohen, anschreien)
Strukturelle Gewalt	Gesellschaftlich verankerte Mechanismen
Kulturelle Gewalt	Legitimiert direkte oder strukturelle Gewalt
Vernachlässigung	Gewalt durch Unterlassen wesentlicher Fürsorge- oder Schutzleistungen
Ethische / moralische Gewalt	Zwangsformen, die über moralische Normen, Scham oder Gewissensdruck ausgeübt werden = halterfokussiert

Gewalt gegen Tiere lässt sich wissenschaftlich in zwei Hauptkategorien einteilen: Aggressionsverhalten innerhalb des Tierreichs (ethologisch motiviert) und vom Menschen ausgehende Gewalt gegenüber Tieren (intentional oder strukturell motiviert). Beide Perspektiven erlauben ein differenziertes Verständnis des Gewaltbegriffs über rein physische Einwirkungen hinaus.

Ethologische Aggressionen und Gewaltformen im Tierreich

Die Ethologie unterscheidet zunächst zwischen intraspezifischer Aggression (innerhalb einer Art) und interspezifischer Form, etwa bei Raubtier-Beute-Beziehungen. Aus verhaltensbiologischer Sicht ist tierische Aggression ein funktionales Verhalten, das zum Beispiel der Revierverteidigung, Fortpflanzung oder Nahrungssicherung dient. Agonistisches Verhalten umfasst Aggression und alle sozialen Konfliktverhalten wie Drohgebärden, Ritualkämpfe, Rückzug oder Versöhnung. Klassifiziert werden offensive, defensive, territoriale, mütterliche, prädatorische sowie spielbezogene Aggression[83,84,85]. Diese Formen sind adaptiv, das heißt, sie erhöhen die Überlebens- und Reproduktionschancen. Offensive Aggression zielt aktiv auf einen Gegner. Defensive Aggression dient dem Schutz (z. B. gegenüber Eindringlingen), während Prädationsverhalten – etwa Jagd auf Beute – strikt funktional und nicht emotional motiviert ist. Prädatorisches Verhalten ist auf Nahrungsbeschaffung gerichtet und emotional weitgehend neutral[86]. Ethologisch gesehen ist dieses Verhalten nicht als Gewalt im moralischen Sinn zu werten, da es keinen bewussten sadistischen Impuls verfolgt[87].

---

83 Scott, J. P., & Fredericson, E. (1951). The causes of fighting in mice and rats. *Physiology & Behavior*, 4, 775–782.

84 Lorenz, K. (1963). *Das sogenannte Böse: Zur Naturgeschichte der Aggression.* Borotha-Schoeler Verlag.

85 Fox, M. W. (1974). *Understanding aggression in animals and man.* Little, Brown.

86 Blanchard, R. J., & Blanchard, D. C. (2003). What can animal aggression research tell us about human aggression? *Hormones and Behavior*, 44(3), 171–177.

87 Gartlan, J. S. (1968). Aggression in primates. *Proceedings of the Royal Society of London. Series* B, 170(1019), 121–132.

Menschlich induzierte Gewalt / Tiermissbrauch

Unter Tiermissbrauch fasst man jegliches Verhalten durch Menschen, das **absichtlich unnötigen Schmerz, Leiden oder Tod** eines Tieres verursacht.

Im Gegensatz zur funktionalen Aggression im Tierreich ist Gewalt gegen Tiere durch Menschen in der Regel intentional und moralisch negativ. Laut Ascione[88] (1993) sind Tiermisshandlung, jedes Verhalten, das Tieren unnötiges Leiden, Schmerz oder Tod zufügt, ohne funktionale Notwendigkeit". Die Gewaltformen umfassen:

- **Physische Gewalt (aktiver Missbrauch):** Dazu gehören Misshandlungen wie Schlagen, Treten, Verbrennen, Vergiften oder Verstümmeln[89]. Auch organisierte Tierkämpfe oder sexuelle Gewalt an Tieren zählen dazu[90].
- **Psychische und emotionale Gewalt:** Einschüchterung, extreme Isolation oder Dauerstress – etwa durch Anbindehaltung oder Boxenhaltung – verursachen psychisches Leiden[91].
- **Vernachlässigung (neglect – passive Gewalt):** Diese passive Gewaltform entsteht durch Unterlassung – z. B. fehlende Nahrung, medizinische Versorgung oder saubere Unterkünfte[92]. Dies umfasst auch Tierhortung (animal hoarding).

---

88 Ascione, F. R. (1993). Children who are cruel to animals: A review of research and implications for developmental psychopathology. *Anthrozoös*, 6(4), 226 – 247.

89 Lockwood, R. (2006). Animal cruelty and human violence: A documented connection. *The Humane Society Press.*

90 Arluke, A., & Luke, C. (1997). *Physical cruelty toward animals in the U.S.: A review of research.* Journal of Interpersonal Violence, 12(3), 297 – 312.

91 Broom, D. M. (2007). *Quality of life means welfare: How is it related to other concepts and assessed?* Animal Welfare, 16(S), 45 – 53.

92 Patronek, G. J. (1999). Hoarding of animals: An under-recognized public health problem in a difficult-to-study population. *Public Health Reports*, 114(1), 81 – 87.

- **Ökonomisch-strukturelle Gewalt:** Massentierhaltung, industrielle Ausbeutung und Transportbedingungen erzeugen systematisches Leid, obwohl die Individuen nicht gezielt misshandelt werden[93,94].

Unterschied zwischen Aggression und Gewalt

Während Aggression bei Tieren biologisch erklärbar evolutionär funktional und häufig ritualisiert ist, stellt Gewalt im moralisch-normativen Sinn eine Grenzüberschreitung dar, die unnötiges, unnatürliches oder sadistisches Leiden erzeugt und definierbar ist als Verhaltensmuster mit dem Ziel physischen oder psychischen Schaden zuzufügen.

Merkmal	Reaktive Aggression	Proaktive Aggression
Auslöser	Spontan, durch Bedrohung oder Stress	Geplant, zielgerichtet (z.B. Ressourcen, Kontrolle)
Ziel	Entfernung eines Stressors (z.B. fremder Hund, Mensch)	Erreichen eines Vorteils (z.B. Zugang zu Futter)
Erregungsniveau	Hoch (Stress, Angst, Unsicherheit)	Niedrig oder kontrolliert (kühl kalkuliert)
Emotionaler Anteil	Stark emotional (affektiv)	Kaum emotionale Erregung, kognitiv gesteuert
Häufigkeit	Typischerweise Einzeltiere	Kann in Gruppen auftreten (z.B. Mobbing)

93 Fraser, D. (2008). *Understanding animal welfare: The science in its cultural context.* Wiley-Blackwell.
94 Singer, P. (1975). *Animal Liberation.* HarperCollins.

Physische Gewalt

Nach deutschem Recht ist der Schutz von Tieren im Tierschutzgesetz (TierSchG) geregelt. Eine ausdrückliche Legaldefinition des Begriffs „physische Gewalt gegen Tiere“ gibt es nicht, jedoch lassen sich einschlägige Normen heranziehen, die beschreiben, welche Handlungen gegenüber Tieren verboten sind.

§ 1 TierSchG[95]

„Zweck dieses Gesetzes ist es, aus der Verantwortung des Menschen für das Tier als Mitgeschöpf dessen Leben und Wohlbefinden zu schützen. Niemand darf einem Tier ohne vernünftigen Grund Schmerzen, Leiden oder Schäden zufügen.“

§ 17 TierSchG

„Mit Freiheitsstrafe bis zu drei Jahren oder mit Geldstrafe wird bestraft, wer ein Wirbeltier ohne vernünftigen Grund tötet oder einem Wirbeltier

a) aus Rohheit erhebliche Schmerzen oder Leiden zufügt oder

b) länger anhaltende oder sich wiederholende erhebliche Schmerzen oder Leiden zufügt.“

Unter physischer Gewalt gegen Tiere versteht man nach Sinn und Zweck des TierSchG jede körperliche Einwirkung auf ein Tier, die geeignet ist, ihm Schmerzen, Leiden oder Schäden zuzufügen und nicht durch einen vernünftigen Grund gedeckt ist[96].

---

95 Tierschutzgesetz (TierSchG): https://www.gesetze-im-internet.de/tierschg/ (insbesondere §1 und §17)

96 Tierschutz-Strafrecht (Kommentierung zu §17 TierSchG). Beispiel: Hirt/Müller, *Tierschutzgesetz – Kommentar*, Beck-Verlag (aktuelle Auflage)

Merkmal	Beschreibung
Körperliche Einwirkung	Schlagen, Würgen, Treten
Ohne vernünftigen Grund	Jenseits zulässiger Zwecke wie Schlachtung, Tötung im Notfall
Rohheit	Gefühllos, kalt – straftatlich relevant nach §17 Nr. 2a
Erheblich	Schmerz / Leid über Bagatellschwelle – z. B. > 25 Sekunden
Länger/wiederholt	Wiederholt oder über Dauer – §17 Nr. 2b

Psychische Gewalt und Vernachlässigung

Nach deutschem Tierschutzrecht werden nicht nur körperliche Misshandlungen, sondern auch psychische Einwirkungen und Unterlassungen erfasst. Unter psychischer Gewalt versteht man Einwirkungen, die das Tier nicht körperlich verletzen, aber massiven Stress, Angst oder Leiden verursachen. Dazu zählen etwa das wiederholte Erschrecken, das permanente Drohen oder das Halten in einer extrem reizarmen oder bedrohlichen Umgebung. Die Rechtsprechung und Kommentarliteratur ordnen dies den „Leiden" im Sinne des §17 TierSchG zu. Leiden sind – so der anerkannte Kommentar[97] „Beeinträchtigungen des Wohlbefindens, die über bloße Unannehmlichkeiten hinausgehen".

97 Hirt/Maisack/Moritz, Tierschutzgesetz, 4. Aufl. 2022, §17 Rn. 18 ff.).

Ein Beispiel aus der Rechtsprechung:

Das **Amtsgericht Tiergarten**[98] verurteilte eine Hundehalterin, die ihren Hund wiederholt in bedrohliche Situationen brachte und so „erhebliche Leiden" verursachte, obwohl keine sichtbare körperliche Misshandlung stattfand. Das Gericht stellte fest, dass auch **Angst und anhaltender Stress** als Leiden im Sinne des § 17 TierSchG zu qualifizieren sind.

98 AG Tiergarten, Urt. v. 10.09.2007 - (351 Ds) 3034 Js 432/06

Vernachlässigung

Von Vernachlässigung spricht man, wenn der Tierhalter seine Sorgepflichten dauerhaft oder erheblich verletzt, etwa durch Unterlassen von Fütterung, fehlende tierärztliche Versorgung oder unzureichende Unterbringung. Anders als bei aktiver Gewalt ist hier das Nichtstun relevant, das zu Schmerzen, Leiden oder Schäden führt.

Beispiel Landgericht Dortmund[99]*:*

Ein Hundehalter ließ seine Tiere über Wochen ohne ausreichend Futter und Wasser. Das Gericht verurteilte ihn wegen quälerischer Tiermisshandlung durch Unterlassen. Es wurde festgestellt, dass Unterlassen - also Vernachlässigung - eine Straftat sein kann, (§ 13 StGB in Verbindung mit § 17 TierSchG). Auch die Literatur betont diesen Zusammenhang: „Nicht nur aktives Tun, sondern auch **Unterlassen** kann zu Schmerzen, Leiden oder Schäden führen und unter § 17 fallen"[100].

99 LG Dortmund, Urt. v. 18.12.2014 - 36 Ns 60/1
100 Hirt/Maisack/Moritz, § 17 Rn. 21

Misshandlung und ihre Verhaltensfolgen

Misshandlung von Tieren umfasst jede Handlung oder jedes Unterlassen, das einem Tier ohne vernünftigen Grund Schmerzen, Leiden oder Schäden zufügt (§1, §17 TierSchG).

Nach Hirt/Maisack/Moritz[101] gilt:

„Unter Misshandlung fällt jede körperliche oder psychische Einwirkung, die das Wohlbefinden des Tieres mehr als nur unerheblich beeinträchtigt. Sie kann sowohl aktiv (Schlagen, Treten) als auch passiv (Unterlassen von Pflege) erfolgen."

In der Verhaltensbiologie wird Misshandlung weiter gefasst. Broom & Fraser definieren:

„Animal abuse involves actions that cause unnecessary suffering, which can be physical (e.g. beating) or psychological (e.g. persistent fear), and is recognized to have measurable effects on animal welfare and behavior."[102]

Misshandelte Hunde entwickeln häufig Verhaltensstörungen. Beschrieben sind:

- **Erlernte Hilflosigkeit:** Hunde zeigen kaum noch Flucht- oder Abwehrreaktionen, selbst bei Schmerzreizen[103].
- **Aggressives Verhalten:** Chronischer Schmerz oder Angst kann zu gesteigerter Reizbarkeit führen[104].
- **Stereotype Verhaltensweisen[105]:** Weben, exzessives Lecken, Käfiglaufen; Rutejagen

---

101 Hirt/Maisack/Moritz (*Tierschutzgesetz Kommentar*, 4. Aufl. 2022, §17 Rn. 14ff.
102 Broom & Fraser (*Domestic Animal Behaviour and Welfare*, 5th Ed., CABI, 2015, S. 20ff.)
103 Seligman, M. (1972): „Learned helplessness", *Annual Review of Medicine* 23(1): 407–412.
104 Haverbeke et al. (2008), „Training methods of military dog handlers and their effects on the obedience performance of dogs", *Applied Animal Behaviour Science*, 113(1–3): 110–122.
105 Mason, G. (1991): „Stereotypies: a critical review", *Animal Behaviour*, 41(6): 1015–1037.

Langzeitfolgen

Langfristige Misshandlung in frühen Entwicklungsphasen führt zu dauerhaften Verhaltensänderungen: erhöhte Ängstlichkeit und Unsicherheit im Erwachsenenalter[106], Bindungsstörungen und soziale Rückzugstendenzen[107]. Verhaltensfolgen sind gut untersucht: Hunde reagieren mit akutem Stress, Angstreaktionen, erlernter Hilflosigkeit, Aggression oder Stereotypien und Zwangshandlungen.

---

106 Tiira & Lohi (2015), „Early life experiences and exercise associate with canine anxieties", *PLOS ONE*, 10(11): e0141907

107 Serpell & Jagoe (1995), „Early experience and the development of behaviour", in: Serpell (Hrsg.): *The Domestic Dog: Its Evolution, Behaviour and Interactions with People*, Cambridge University Press.

3. Bindung – die Grundlage der seelischen Entwicklung

Der Hund ist ein sozial obligates Tier, das bedeutet, er ist auf das Zusammenleben in sozialen Gruppen angewiesen, um sich sicher, stabil und artgerecht entwickeln zu können. Jeder Hund braucht soziale Bindungen, insbesondere zu vertrauten Bezugspersonen oder zu Artgenossen, um emotionale Sicherheit zu erleben. Bindung ist ein überlebenswichtiges Grundbedürfnis und biologisch notwendig – sie beeinflusst Verhalten, Stressregulation und Lernfähigkeit.

Von dem Moment an, in dem unsere Hunde geboren werden, sind sie auf Bindung angewiesen. Ein Welpe kann allein nicht überleben. Er braucht Bindungspartner wie seine Mutter, die ihn mit Nahrung und Schutz versorgt sowie emotionaler Wärme, Zuwendung und Sicherheit. In dieser frühen Beziehung lernt sein Nervensystem: *Bin ich sicher? Werden meine Bedürfnisse erfüllt?*

Erlebt der Welpe in seinen ersten Lebenstagen und -wochen verlässliche, liebevolle Fürsorge, entwickelt sich ein sogenanntes sicheres Bindungsmuster. Er wächst mit dem inneren Gefühl auf: Ich darf mich bewegen, Bedürfnisse ausleben und anfragen. *Ich darf Schutz und Wärme suchen und mich anlehnen. Ich darf erkunden, weil ich einen sicheren Hafen habe, zu dem ich immer wieder zurückkehren kann.*

Aus diesen frühen Erfahrungen entwickelt das Gehirn des Welpen grundlegende Muster darüber, ob die Welt ein sicherer Ort ist[108,109].

---

108 Bowlby, J., & Solomon, M. (1989). *Attachment theory.* Los Angeles, CA: Lifespan Learning Institute.
109 König, V. (2021). *Trauma verstehen und heilen: Ein ganzheitlicher Ansatz.* München: Kösel.

Der sichere Hafen

Damit unser Hund sich sicher fühlt und eine stabile Bindung zu uns aufbauen kann, braucht er nicht nur Futter und Auslauf, sondern verlässliche emotionale Begleitung. Wir als Menschen übernehmen eine Rolle, die weit über reines Training oder Versorgung hinausgeht. Wir müssen unserem Hund ein sicherer Hafen, Übersetzer der Welt, Co-Regulator und eine zuverlässige, feinfühlige Stütze in allen Bedarfssituationen sein.

Sicherheit geben heißt nicht nur, dass unser Hund körperlich geschützt ist. Es bedeutet vor allem, dass er sich emotional und sozial sicher fühlen kann – bei uns, in unserer Nähe, in unserem gemeinsamen Alltag.

Hunde sind soziale Lebewesen. Wenn wir Menschen die Rolle eines Bindungspartners übernehmen, orientiert sich der Hund an uns. Das Nervensystem des Hundes fragt ununterbrochen: *„Bin ich hier sicher? Kümmert sich jemand um mich? Kann ich mich entspannen?"*

Sicherheit geben bedeutet deshalb:

Vorhersehbar sein: Rituale, ein fester Tagesablauf und ruhige Reaktionen geben Halt.

Schutz bieten: In schwierigen Situationen nicht wegschauen, sondern aktiv unterstützen.

Gefühle ernst nehmen: Angst, Stress oder Unsicherheit nicht bestrafen oder ignorieren, sondern wahrnehmen und begleiten.

Beispiel:

Dein Hund erschrickt beim Spaziergang vor einem lauten Lkw. Statt an der Leine zu zerren oder ihn „abzuhärten" oder ihn zu ignorieren, bleiben wir stehen, laufen einen Bogen und splitten. Wir schaffen Distanz zum angstauslösenden Objekt, sprechen sanft mit ihm und bieten ihm Sicherheit. So lernt er: *„Mein Mensch hilft mir. Ich bin nicht allein."*

Der Begriff „sicherer Hafen" stammt aus der Bindungstheorie von John Bowlby (1988). Ein „sicherer Hafen" ist die emotionale Basis, zu der ein Hund zurückkehren kann, wenn er überfordert ist oder Schutz braucht. Für unseren Hund heißt das: Wir Menschen müssen ein Ort der Sicherheit sein, zu dem er jederzeit „zurückkommen" kann und darf - sei es körperlich (sich hinter uns verstecken, zu uns flüchten) oder emotional (uns anschauen, unsere Reaktion wahrnehmen).

Ein sicherer Hafen bedeutet:

- **Zuverlässigkeit:** Der Hund erlebt immer wieder, dass er bei uns Trost und Orientierung findet.
- **Regulation:** Deine ruhige Präsenz hilft seinem Nervensystem, sich zu beruhigen.
- **Vertrauen:** Dein Hund kann mutiger in die Welt hinausgehen, weil er weiß, dass er jederzeit zu dir „zurückkehren" kann.

Hunde leben in einer Welt voller Gerüche, Geräusche, Bewegungen und Reize, die für uns selbstverständlich sind, für sie aber unverständlich oder sogar bedrohlich sein können. Ein Staubsauger, ein Fahrrad, ein fremder Mensch mit Kapuze oder lautes Kinderlachen - all das hat für einen Hund nicht automatisch eine neutrale oder gar positive Bedeutung. Anders als wir haben Hunde kein kulturelles Wissen, keine Sprache und keine Erfahrung mit vielen menschlichen Situationen.

Übersetzer der Welt

Als Bindungspartner übernehmen wir deshalb die Rolle eines Übersetzers und Wegweisers. Wir helfen unseren Hunden, Reize einzuordnen, und vermitteln ihnen: *„Das ist ungefährlich, ich bin bei dir."* oder *„Hier brauchst du Abstand, ich kümmere mich."*

Was erklären wir konkret?

- **Alltägliche Gegenstände:** Staubsauger, Autos, Einkaufswagen, Fahrräder.
- **Geräusche:** Türglocken, Sirenen, knallende Türen, Feuerwerk.
- **Bewegungen und Gesten von Menschen:** Ein joggender Mensch, ein winkender Arm, ein Kind auf einem Roller

Hunde wissen nicht von selbst, dass ein Staubsauger harmlos ist oder dass der Postbote nicht gefährlich ist. Für sie sind es zunächst ungewohnte, potenziell bedrohliche Reize.

Wie erklären wir Hunden unsere Welt?

- **Durch unsere eigene Ruhe:** Wir reagieren gelassen und vorhersehbar, damit der Hund spürt: „Mein Mensch ist entspannt – es ist also ungefährlich."
- **Durch Worte und Tonlage:** Auch wenn Hunde unsere Sprache nicht Wort für Wort verstehen, spüren sie unsere Stimmung und den Rhythmus. Eine ruhige, freundliche Stimme wirkt beruhigend.
- **Durch Nähe und Distanzmanagement:** Wenn ein Hund unsicher ist, schaffen wir Abstand zu dem Reiz oder geben ihm die Möglichkeit, seine Distanz selbst zu entscheiden.
- **Durch positive Verknüpfung:** Wir kombinieren unbekannte Reize mit etwas Positivem, z. B. Leckerlis oder ruhigem Lob, sodass der Hund lernt: „Ah, das bringt mir sogar etwas Gutes." Das bedeutet *nicht*, dass wir unseren Hund an unbekannte Reize heranlocken! Und schon gar nicht an der Leine!

Regulation – und Co-Regulation

Hunde besitzen - genau wie Menschen - ein Nervensystem, das ständig aufnimmt, ob eine Situation sicher oder bedrohlich ist. Gerät ein Hund in Stress, reagiert sein Körper automatisch: Herzschlag und Atmung beschleunigen sich, Stresshormone wie Cortisol und Adrenalin werden ausgeschüttet, die Muskulatur spannt sich an. In diesem Zustand ist es für viele Hunde schwer oder sogar unmöglich, sich von allein wieder zu beruhigen.

Unsere Aufgabe als Bindungspartner ist es, ihnen dabei zu helfen.

Und das geschieht nicht durch Training oder Signale, sondern vor allem durch unser eigenes Verhalten, unsere Ausstrahlung und unsere innere Haltung. In der Psychologie nennt man das Co-Regulation - ein Begriff, der aus der Bindungsforschung stammt[110].

Was bedeutet Co-Regulation?

Co-Regulation bedeutet: Zwei Nervensysteme beeinflussen sich gegenseitig. Ist der Hund sehr aufgeregt und trifft auf einen Menschen, der selbst hektisch, laut oder angespannt ist, steigert sich seine Unruhe noch mehr. Trifft er jedoch auf jemanden, der ruhig atmet, ruhige Bewegungen macht und mit gleichmäßigem Tonfall spricht, dann spiegelt sich diese Ruhe im Hund wider.

Bindungstheoretisch betrachtet ist das ein zentrales Element einer sicheren Beziehung: Junge Lebewesen lernen zuerst über andere zu regulieren, bevor sie lernen, es alleine zu tun. Welpen orientieren sich in aufregenden Situationen an ihrer Mutter - sie schauen, wie sie reagiert, und fühlen sich durch ihre Nähe sicherer. Diese Position müssen wir nun übernehmen!

---

110 Bowlby, J. (1988). *A Secure Base: Parent-Child Attachment and Healthy Human Development.* New York, NY: Basic Books.

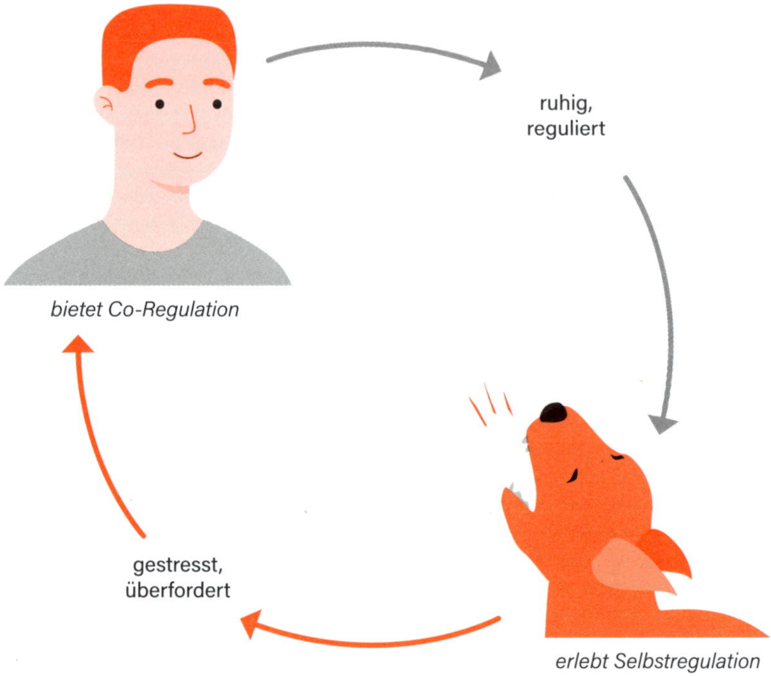

Co-Regulation beruht auf der wechselseitigen Anpassung von emotionalen Zuständen, die nur durch authentische Signale gelingen kann. Hunde verfügen über eine hochentwickelte Sensitivität für subtile Veränderungen in Mimik, Körperhaltung und Tonfall, weshalb vorgespielte Sicherheit oder Ruhe von ihnen schnell erkannt und nicht angenommen wird. Neurobiologisch betrachtet sind echte, konsistente Signale entscheidend, um im Nervensystem des Hundes eine sichere Regulation herzustellen.

Das bedeutet: Um eine sichere Verbindung aufzubauen, müssen wir zuerst bei uns selbst ankommen. Unsere innere Haltung, unsere Achtsamkeit und unser echtes Mitgefühl sind die Grundlage dafür, dass ein

Hund sich entspannen und Vertrauen fassen kann. Ohne diese Authentizität bleibt Co-Regulation oberflächlich und wirkungslos.

Warum emotionale Regulation zuerst über Co-Regulation entsteht

Der Hund, genau wie wir, kommt nicht mit einer vollständig ausgereiften Fähigkeit zur Selbstberuhigung auf die Welt. Sein Nervensystem ist in der frühen Entwicklung noch unreif. Das bedeutet: Er kann auf Stress oder Überforderung nicht allein reagieren und sich selbst wieder in einen ausgeglichenen Zustand bringen.

Stattdessen braucht er in diesen Momenten die Regulation von außen. Genau hier kommt die Co-Regulation ins Spiel: Eine sichere, feinfühlige Bezugsperson hilft dem jungen Hund dabei, seinen Stress zu verarbeiten, indem sie selbst reguliert und beruhigend wirkt. Diese Interaktion ist wie eine Brücke, die das unausgereifte Nervensystem des Junghundes mit der Fähigkeit zur Regulation verbindet.

Mensch-Hund-Co-Regulation bezeichnet also einen wechselseitigen, fein abgestimmten Prozess, durch den sich Mensch und Hund gegenseitig emotional und physiologisch beeinflussen, beruhigen oder aktivieren. Dieser Prozess funktioniert sowohl auf bewusster als auch auf unbewusster Ebene und ist tief in der sozialen Bindung verankert, die sich zwischen Mensch und Hund – insbesondere bei langjähriger Beziehung – entwickeln kann. Wie passiert das konkret?

- Ein Welpe erschrickt über ein lautes Geräusch.
- Er rennt zu seiner Mutter oder zu seinem Menschen und sucht Nähe.
- Die Mutter oder der Mensch zeigt durch Körperkontakt, ruhige Atmung, sanfte Stimme und vorhersehbare Reaktionen: *„Du bist sicher, ich bin da."*

In diesem Moment geschieht etwas Wesentliches:

- Das Nervensystem des Welpen „koppelt" sich an das Nervensystem des sicheren Gegenübers.
- Über diese Resonanz sinkt der Stresspegel des Welpen.
- Wiederholte Erfahrungen dieser Art führen dazu, dass der Welpe lernt, solche Zustände immer besser selbst zu regulieren.

Warum ist das wichtig?

Ohne wiederholte Co-Regulation bleibt das Nervensystem oft in einer Übererregung oder in Rückzugsstrategien stecken. Tiere (und Menschen), die nie oder nur selten feinfühlig begleitet werden, entwickeln unsichere Bindungsmuster und zeigen später Stress und Angstprobleme, weil sie nie gelernt haben, wie sich Sicherheit „anfühlt" und wie man dorthin zurückfindet.

Bindungsforscher Allan Schore (2001)[111] beschreibt, dass emotionale Selbstregulation beim Menschen ausschließlich über diese frühen Co-Regulationsprozesse gelernt wird. Ein Nervensystem braucht andere Nervensysteme, um Regulation zu lernen. Sicherheit entsteht im Kontakt.

Die sichere, feinfühlige Bezugsperson

Eine sichere, feinfühlige Bezugsperson zu sein bedeutet, in Momenten, in denen ein junges Lebewesen – wie ein Welpe oder ein Kind – überfordert ist, aktiv Unterstützung zu geben. Das Nervensystem des jungen Hundes kann starke Gefühle wie Angst, Unsicherheit oder Erregung noch nicht allein regulieren. Stattdessen orientiert es sich an den Signalen seiner Bezugsperson.

---

111 Schore, A. N. (2001). Effects of a secure attachment relationship on right brain development, affect regulation, and infant mental health. *Infant Mental Health Journal*, 22(1 – 2), 7 – 66.

Wenn diese Bezugsperson selbst ruhig bleibt, tief atmet, mit sanfter Stimme spricht und klare, langsame Bewegungen zeigt, sendet sie über ihre Körpersprache, ihren Geruch und ihren Tonfall unbewusst eine Botschaft: *„Du bist nicht allein. Ich halte die Situation für sicher. Du kannst dich an mir orientieren."*

Dieses Verhalten wirkt wie ein „sicherer Anker". Das Nervensystem des jungen Hundes passt sich daran an: Der Herzschlag beruhigt sich, die Atmung wird gleichmäßiger, die Muskulatur lockert sich. Über viele solcher Erfahrungen lernt der Hund, mit eigenen Gefühlen umzugehen.

Das Nervensystem jedes sozialen Lebewesens ist auf Resonanz angelegt:

- **Tonlage:** Ein ruhiger, melodischer Ton wirkt auf den Parasympathikus beruhigend.
- **Körperhaltung:** Offene, entspannte Bewegungen und langsame Gesten signalisieren Sicherheit.
- **Atmung:** Tiefe, langsame Atemzüge senken unseren eigenen Stresspegel – und Hunde nehmen diese körperliche Entspannung über Geruch, Körperspannung und Rhythmus wahr.

Hunde sind sehr sensibel gegenüber der emotionalen Befindlichkeit ihres Menschen. Sie erkennen Gesichtsausdrücke, Körpersprache, Stimme und Geruchssignale (z. B. Angstschweiß). Studien zeigen, dass Hunde emotionalen Ausdruck nicht nur erkennen, sondern auch spiegeln können. Dies zeigt sich in veränderten Herzfrequenzen, Blickverhalten oder Körperhaltung – sie passen sich oft unbewusst an.

4. Bindungstrauma

Fehlen Erfahrungen der Co-Regulation und der sicheren Bindung und erleben Hunde durch ihre Menschen Zurückweisung, Unberechenbarkeit oder Bedrohung entwickelt sich ein unsicheres Bindungsmuster. Manche Hunde klammern dann aus Angst vor Verlassenheit, andere ziehen sich zurück, weil Nähe schmerzlich oder gefährlich erscheint. Wieder andere schwanken zwischen Nähebedürfnis und Rückzug in großer Ambivalenz.

Beispiel:

Ein Welpe weint, weil er Hunger hat. Eine feinfühlige Bezugsperson reagiert: Sie nimmt ihn in den Arm, beruhigt ihn mit sanfter Stimme und gibt ihm Nahrung. Der Welpe erfährt: *Meine Bedürfnisse werden gesehen. Ich bin sicher.* Diese wiederholte Erfahrung speichert sich als „sicheres Bindungsmuster".

Oder:

Ein Welpe weint, weil er Hunger hat. Seine Bezugsperson reagiert nicht oder nur unberechenbar: Manchmal wird er ignoriert, manchmal grob weggeschoben, manchmal gefüttert, aber ohne Zuwendung. Der Welpe erfährt: *Meine Bedürfnisse sind nicht wichtig. Ich kann mich nicht darauf verlassen, dass jemand für mich da ist.*

Bindungsversuche ohne Antwort – wenn der Mensch nicht feinfühlig reagiert

Oft beantworten Menschen die „Bindungsanfragen" und die Co-Regulationsbedürfnisse ihres Hundes nicht oder nicht angemessen, weil das eigene menschliche Nervensystem und die eigenen Prägungen eine große Rolle spielen. Menschen reagieren auf Bindungsanfragen immer aus ihrer eigenen Bindungsgeschichte heraus. Hat der Mensch selbst in der Kindheit nicht zuverlässig Trost, Nähe und Sicherheit erfahren wird Nähe oft mit Unsicherheit oder Überforderung verknüpft. Wenn eine Bindungsanfrage kommt, werden unbewusste Erinnerungen und Körpererfahrungen mitaktiviert. Wenn Bindung in der eigenen Vergangenheit unsicher war, dann fehlt die „Bahn" für eine entspannte, adäquate Antwort. Ein Hund sucht über Blickkontakt, Nähe, Körperkontakt oder durch bestimmte Verhaltenssignale Sicherheit und Regulation bei seinem Menschen. Ist dieser innerlich gestresst, abgelenkt oder selbst dysreguliert, kann er diese Signale leicht übersehen oder missverstehen. Statt feinfühlig Nähe oder Schutz zu geben, reagieren diese Halter ungeduldig, ziehen sich zurück oder senden widersprüchliche Botschaften.

Trainer, Medien und gesellschaftliche Vorstellungen von Dominanz und Kontrolle können diese Dynamik zusätzlich negativ beeinflussen. Sie fördern häufig ein autoritäres Menschenbild, das auf Macht und Unterwerfung setzt, anstatt auf Verständnis und Kooperation. Gewalt wird verharmlost, und autoritäre Methoden werden als normal oder notwendig dargestellt. Dieses Paradigma erschwert es Haltern, authentisch präsent und empathisch zu sein – Voraussetzungen, die für eine gelungene Co-Regulation essenziell sind.

Neurobiologisch geschieht hier Ähnliches wie in der Eltern-Kind-Beziehung: Ein Hund ruft mit seiner Bindungsanfrage das Bindungssystem im Menschen auf den Plan. Hat dieser Mensch jedoch selbst keine sichere Bindung gelernt oder befindet er sich im Alltag dauerhaft im Stressmodus, aktiviert die Nähe und das Bedürfnis des Hundes unbewusst alte Muster oder Überforderung. Das Nervensystem des Menschen rutscht dann leicht in Kampf, Flucht oder Erstarrungsreaktionen, anstatt in einen regulierten, feinfühligen Zustand zu gehen.

Hat der Mensch in seiner eigenen Entwicklung (z. B. durch belastende Kindheit, emotionale Vernachlässigung oder Traumata) keine stabile emotionale Regulation durch Bezugspersonen erlebt, fehlt ihm oft die Erfahrung, wie Nähe und Trost sich anfühlen, die Fähigkeit, emotionale Zustände in sich selbst zu erkennen oder zu regulieren, und das Vertrauen, dass jemand (auch der eigene Hund) emotional *für einen da* sein könnte.

Deshalb können emotionale Annäherungen durch den eigenen Hund – etwa durch Blickkontakt, Körperkontakt oder Nähe in belastenden Momenten – innere Konflikte oder sogar Überforderung auslösen:

- *„Ich weiß gar nicht, wie ich reagieren soll."*
- *„Ich spüre da was, aber ich kann es nicht einordnen."*
- *„Ich will für den Hund da sein, aber ich fühle mich leer / angespannt / blockiert."*

Dazu kommt, dass die meisten Menschen nicht gelernt haben, Körpersprache und emotionale Signale von Hunden richtig zu lesen. Sie erkennen nicht, dass ihr Hund in diesem Moment Co-Regulation bräuchte – etwa durch ruhige Ansprache, körperliche Nähe oder das Signal „Ich habe die Situation im Blick, du bist sicher". Stattdessen greifen sie zu Strafen und Gewalt, ziehen die Leine straffer oder ignorieren das Bedürfnis des Hundes.

Von einem Bindungstrauma spricht man, wenn die Menschen, die eigentlich Schutz und Sicherheit geben sollten, **selbst** die Quelle von Angst, Überforderung oder Verletzung für den Hund sind. Das kann zum Beispiel passieren, wenn Menschen emotional nicht erreichbar sind, keine Sicherheit bieten, Bedürfnisse nicht erkennen oder wahrnehmen oder wenn Missbrauch, Gewalt oder Vernachlässigung stattfinden[112]. Bindungstrauma bezeichnet eine tiefgreifende Störung in der Entwicklung sozialer Bindungen, die durch wiederholte belastende oder ambivalente Beziehungserfahrungen entsteht.

Der Hund erlebt dann einen unlösbaren Konflikt:

Ich brauche dich, um zu überleben. Aber bei dir fühle ich mich auch in Gefahr.

---

112 Solomon, J., Beetz, A., Schöberl, I., Gee, N., & Kotrschal, K. (2019). Attachment security in companion dogs: Adaptation of Ainsworth's strange situation and classification procedures to dogs and their human caregivers. *Attachment & Human Development*, 21(4), 389 – 417.

Weil ein Hund ohne Bindung nicht überleben kann, wird es sich trotz Gefahr weiter an die (Bezugs)Person binden.

Hunde suchen auf sehr klare, direkte Weise emotionale Verbindung: durch Nähe, Berührung, Augenkontakt, Körperhaltung, Lautäußerungen. Wenn der Hund spürt, dass sein Mensch emotional nicht erreichbar ist oder seine Reaktion widersprüchlich ist, ist er verunsichert.

Mögliche Reaktionen des Hundes können dann sein: Er verstärkt seine Bemühungen (mehr Nähe, aufdringlicheres Verhalten), weil er die fehlende Reaktion „ausgleichen" will oder er zieht sich zurück, weil er keine Resonanz bekommt. Bei sensiblen Hunden kann es zur Entwicklung von emotionalem Stress, Unsicherheit oder sogar Rollenvertauschung („Ich muss *dich* beruhigen") kommen.

Diese widersprüchliche Erfahrung prägt tiefe Muster im Nervensystem. Es kann zu unsicheren oder desorganisierten Bindungsstilen kommen:

- **Unsicher-ambivalent:** Starke Angst vor Verlassenheit, starkes Klammern, aber auch Wut auf die Bezugsperson.
- **Unsicher-vermeidend:** Rückzug, starke Betonung von Autonomie, wenig Nähe zulassen.
- **Desorganisiert:** Mischung aus Annäherung und Flucht, oft verbunden mit innerer Zerrissenheit.

Beispiel:

Stell dir einen Welpen vor, der neugierig die Welt erkundet. Beim Spielen verletzt er sich und erschrickt. Instinktiv sucht er Schutz und läuft zu seiner Bezugsperson – dem Menschen, zu dem er eigentlich Vertrauen hat. Doch dieser Mensch ist gerade selbst gestresst und überfordert. Statt den Welpen zu trösten, nimmt er ihn grob am Nackenfell, schimpft laut und sperrt ihn schroff in seine Hundebox. Der Welpe weint, jault und kratzt an der Tür, doch es kommt keine beruhigende Zuwendung.

Für den Hund bedeutet das einen massiven inneren Konflikt:

Ich brauche dich, um mich sicher zu fühlen – aber bei dir fühle ich mich gleichzeitig bedroht und allein.

Diese widersprüchliche Erfahrung prägt sich tief ein. Der Welpe lernt: Nähe kann gefährlich sein. Er kann sich nicht darauf verlassen, dass Fürsorge auch wirklich Schutz bedeutet. Später, wenn er älter ist, wird er vielleicht immer noch mit Unsicherheit reagieren, wenn sein Mensch ihn ruft oder Nähe sucht. Ein Teil von ihm sehnt sich danach, ein anderer Teil spürt sofort Alarm und Angst.

Die Vorstellung, einen Welpen tagsüber oder nachts allein in eine Hundebox zu sperren und ihn einfach „weinen zu lassen, damit er lernt aufzuhören", ist aus moderner verhaltensbiologischer und bindungsorientierter Sicht für den Hund extrem belastend und traumatisierend. In dem Moment, in dem er allein in der Box sitzt und jault, erlebt er Trennungsschmerz und Unsicherheit. Sein Nervensystem schüttet dabei Stresshormone wie Cortisol und Adrenalin aus. Diese Hormone bereiten den Körper auf Flucht oder Kampf vor – etwas, was der Welpe in der Box aber nicht umsetzen kann. Stattdessen staut sich die Anspannung in seinem Körper auf und es entsteht ein Zustand von Überforderung und Angst.

Ein Welpe ist in seinen ersten Lebensmonaten wie ein kleines Kind: Er ist abhängig von Nähe, Schutz und Bindung an seine Bezugspersonen. In der Natur schlafen Welpen immer bei Mutter und Geschwistern. Wenn er plötzlich allein in einer Box ist und weint, signalisiert er:

Ich habe Angst. Ich brauche Sicherheit. Ich fühle mich verlassen.

Wenn auf dieses Weinen keine Reaktion kommt, erlebt der Welpe, dass niemand kommt, auch wenn er in Not ist. Manche Welpen hören dann irgendwann auf zu rufen – nicht, weil sie gelernt haben, dass alles gut ist, sondern weil sie resignieren. Das kann zu einem gestörten Bindungsverhalten führen und zu Problemen wie Angststörungen oder Unsicherheit gegenüber Menschen.[113] Langfristig kann diese Erfahrung weitreichende Folgen haben. Ein Hund, der so „lernen" soll, still zu sein, entwickelt oft erlernte Hilflosigkeit: Er hört auf zu weinen, weil er die Hoffnung auf eine Reaktion aufgibt, nicht, weil er sich wohlfühlt. Aus dieser Grundlage können Ängste entstehen, insbesondere die Angst vor dem Alleinsein. Solche Hunde zeigen später häufig Anzeichen von Trennungsstress. Statt ein Gefühl von Sicherheit zu entwickeln, wächst in ihnen das Muster: *Alleinsein ist gefährlich, und ich bin auf mich gestellt.*

---

113 Overall, K. L., Dunham, A. E., & Juarbe-Diaz, S. V. (2016). Phenotypic determination of noise reactivity in 3 breeds of working dogs: A cautionary tale of age, breed, behavioral assessment, and genetics. *Journal of Veterinary Behavior,* 16, 113-125.; Ogata, N., Kikusui, T., Takeuchi, Y., & Mori, Y. (2006). Objective measurement of fear-associated learning in dogs. *Journal of Veterinary Behavior,* 1(2), 55-61.

Definition und Einordnung

Beim Hund tritt ein Bindungstrauma auf, wenn in sensiblen Entwicklungsphasen oder im späteren Leben zentrale Bindungspersonen inkonsistent, bedrohlich oder vernachlässigend agieren. Solche Erfahrungen führen zu einer dysfunktionalen Aktivierung des Bindungssystems, gekennzeichnet durch übersteigerte Suche nach Nähe bei gleichzeitiger Angst vor Zurückweisung oder Bestrafung[114]. Neurobiologisch zeigt sich dies in einer veränderten Stressregulation über die HPA-Achse und einer sensitiven Konditionierung sozialer Reize im limbischen System: Wenn ein Hund soziale Reize (z.B. Annäherung eines Menschen, Berührung, Stimme) wiederholt in einem belastenden oder ambivalenten Kontext erlebt, werden diese Reize emotional verknüpft: Das Gehirn „lernt", dass bestimmte soziale Signale potenziell bedrohlich oder unangenehm sind. Diese Form des Lernens wird sensitive Konditionierung genannt, weil die emotionale Bewertung besonders empfindlich („sensitiv") auf Erfahrungen reagiert und die Verknüpfung nicht nur auf einer bewussten Ebene, sondern tief in emotionalen Gedächtnisstrukturen geschieht.

Allgemeine Ursachen

Bindungstrauma bezeichnet eine tiefgreifende Störung in der Fähigkeit, sichere und stabile Bindungen aufzubauen und aufrechtzuerhalten. Bindungstrauma bedeutet nicht nur, dass etwas Schreckliches geschieht, sondern dass dieses Ereignis in einer Beziehung passiert, die eigentlich Sicherheit geben sollte. Das Nervensystem erlebt dann eine paradoxe Botschaft: *„Ich brauche Nähe, um zu überleben – aber Nähe bedeutet gleichzeitig Gefahr oder Schmerz."*

Es handelt sich um eine Form emotionaler Verletzung, die durch wiederholte oder besonders schwerwiegende negative Erfahrungen in Bezug auf die Mensch-Hund-Beziehungen entsteht.

114 Bowlby, J. (1988). *A Secure Base: Parent-Child Atachment and Healthy Human Development.* Basic Books.

Ursachen von Bindungstrauma:

1. Frühe Vernachlässigung oder Misshandlung:

Fehlende oder inkonsistente Fürsorge während der Welpen- und Junghundzeit führt dazu, dass der Hund kein stabiles Sicherheitsgefühl entwickeln kann[115].

2. Traumatische Trennung oder Verlust:

Der plötzliche Verlust einer Bezugsperson kann das Vertrauen in die Mensch-Hund-Bindungen erschüttern.

3. Emotionale Misshandlung:

Kontinuierliche Ablehnung oder emotionale Vernachlässigung beeinträchtigen die Entwicklung eines sicheren Bindungsmusters des Hundes zu seinem und auch anderen Menschen[116].

4. Instabile oder inkonsistente Bezugspersonen:

Wechselnde oder unzuverlässige Bezugspersonen führen zu Unsicherheit und Verlassensangst[117].

5. Traumatische Erfahrungen in späteren Lebensphasen:

Schwere negative Erlebnisse, wie Missbrauch oder Vernachlässigung, können Bindungstrauma auslösen, auch wenn sie später im Leben auftreten.[118]

---

115 Ainsworth, M. S. (1979). Infant–mother attachment. *American Psychologist,* 34(10), 932.

116 Solomon, J., Beetz, A., Schöberl, I., Gee, N., & Kotrschal, K. (2019). Attachment security in companion dogs: Adaptation of Ainsworth's strange situation and classification procedures to dogs and their human caregivers. *Attachment & Human Development*, 21(4), 389 – 417.

117 Riggio, G., Gazzano, A., Zsilák, B., Carlone, B., & Mariti, C. (2020). Quantitative behavioral analysis and qualitative classification of attachment styles in domestic dogs: Are dogs with a secure and an insecure-avoidant attachment different?. *Animals*, 11(1), 14.

118 Meredith, P., Strong, J., Condon, L., Lindstrom, D., & Hill, J. (2023). Understanding the occupational role of dog ownership through the lens of attachment theory: A survey study. *British Journal of Occupational Therapy,* 86(3), 205-214.

Diese Erfahrungen beeinträchtigen die Entwicklung eines sicheren Bindungsmusters und können langfristig das Verhalten und die emotionalen Beziehungen nicht nur mit seinem Menschen sondern generalisiert auch mit anderen Menschen beeinflussen.

Auswirkungen auf das Bindungsverhalten

Trauma, Traumafolgestörung und Bindungsverhalten

1. Unsicheres Bindungsmuster:

Hunde mit Bindungs- oder Entwicklungstrauma entwickeln häufig unsichere oder vermeidende Bindungsstile. Sie zeigen Schwierigkeiten, Vertrauen aufzubauen, und vermeiden Nähe.

2. Angst und Unsicherheit:

Trauma kann zu anhaltender Angst oder Ablehnung führen. Betroffene Hunde sind häufig hypervigilant und reagieren übermäßig auf mögliche Trennungen.

3. Vermeidung von Nähe:

Aufgrund negativer Erfahrungen in der Vergangenheit ziehen sich betroffene Hunde häufig zurück, um sich vor erneutem Schmerz zu schützen. Dies kann sich in einem vermeidenden Bindungsstil zeigen.

4. Schwierigkeiten bei emotionaler Regulation:

Trauma beeinträchtigt die Fähigkeit, Emotionen zu regulieren, was sich im Bindungsverhalten durch impulsives oder emotional labileres Verhalten äußern kann.

5. Beziehungsmuster im Erwachsenenalter:

Hunde mit Bindungs- oder Entwicklungstrauma zeigen oft problematische Beziehungsmuster, wie z. B. Angst vor Nähe, Bindungsangst oder wiederholte Beziehungskonflikte

6. Verzögerte oder gestörte Bindungsentwicklung:

Besonders in der Welpenzeit kann Trauma die normale Entwicklung sicherer Bindungen verzögern oder verhindern, was zu langfristig Schwierigkeiten in inner- und intraartlichen Beziehungen führt.

Wie zeigt sich Bindungstrauma im Verhalten?

Ein Hund mit Bindungstrauma kann sehr ambivalente Reaktionen zeigen. Zum Beispiel:

- Er sucht verzweifelt Nähe, wirkt anhänglich oder „klammert" – gleichzeitig zeigt er Stresssignale, zieht sich plötzlich zurück oder knurrt, wenn er berührt wird.
- Er reagiert übermäßig sensibel auf Trennung (starkes Bellen, Zerstören von Dingen, Unruhe), weil sein inneres System Nähe und Sicherheit nicht zuverlässig kennt.
- Manche Hunde wirken überangepasst, „funktionieren" äußerlich ruhig, haben aber innerlich ein dauerhaft erhöhtes Stressniveau.

Wenn wir verstehen, was ein Bindungstrauma bedeutet, können wir feinfühliger reagieren. Statt Verhalten zu bestrafen oder als „starrsinnig" zu sehen, erkennen wir: Der Hund versucht, mit einem Nervensystem zu leben, das Nähe und Sicherheit nicht eindeutig gelernt hat.

5. Verbindung zwischen Mensch und Hund verstehen

Wissenschaftliche Studien zeigen, dass die Mensch-Hund-Beziehung sowohl psychologische und emotionale als auch soziale und neuronale Aspekte umfasst und tief in der Evolution und Biologie beider verwurzelt ist.

Die enge Bindung zwischen Hunden und Menschen ist das Ergebnis einer langen gemeinsamen Evolution, die durch die Domestikation der Hunde vor etwa 15.000 bis 40.000 Jahren geprägt wurde.[119] Studien[120,121,122] zeigen, dass Hunde im Vergleich zu anderen Tieren eine außergewöhnliche Fähigkeit besitzen menschliche soziale Signale zu interpretieren, was auf eine spezielle evolutionäre Anpassung hinweist. Diese Fähigkeit förderte die Entwicklung einer tiefen emotionalen Bindung zwischen Hund und Mensch, vergleichbar mit der Eltern-Kind-Bindung. Wissenschaftliche Untersuchungen zeigen, dass Hunde emotionale Bindungen zu ihren Menschen aufbauen und verschiedene Bindungstypen bekannt sind. Neurobiologisch betrachtet zeigen Studien[123], dass die Interaktion mit Hunden die Freisetzung von Oxytocin im Gehirn sowohl bei Menschen als auch bei Hunden fördert. Oxytocin ist ein Hormon, das mit Vertrauen, Bindung und sozialen Beziehungen in Verbindung steht[124]. Die erhöhte Oxytocin-Ausschüttung während des gemeinsamen Kontakts erklärt, warum die Beziehung zwischen Hund

---

119 Tancredi, D., & Cardinali, I. (2023). Being a dog: a review of the domestication process. *Genes*, 14(5), 992.

120 Hare, B., & Tomasello, M. (2005). Human-like social skills in dogs? *Trends in Cognitive Sciences*, 9(9), 439 - 444.

121 Moore, R., Mueller, B., Kaminski, J., & Tomasello, M. (2015). Two year old children but not domestic dogs understand communicative intentions without language, gestures, or gaze. *Developmental Science*, 18(2), 232 - 242.

122 Kendall-Morwick, K. (2020). *Canis Modernis: Human/Dog Coevolution in Modernist Literature.* Penn State Press.

123 Nagasawa, M., Mitsui, S., En, S., Ohtani, N., Ohta, M., Sakuma, Y., ... & Kikusui, T. (2015). Oxytocin-gaze positive loop and the coevolution of human-dog bonds. *Science*, 348(6232), 333 - 336.

124 Bartz, J. A., Zaki, J., Bolger, N., & Ochsner, K. N. (2011). Social effects of oxytocin in humans: context and person matter. *Trends in Cognitive Sciences*, 15(7), 301 - 309.

und Mensch so tief und emotional ist und warum sie sich auf einer biologischen Ebene gegenseitig stärkt[125].

Darüber hinaus belegen zahlreiche psychologische Studien, dass der Kontakt mit Hunden das Stressniveau bei Menschen signifikant senkt. Friedmann und Kollegen (2015)[126] fanden heraus, dass Hundebesitzer im Vergleich zu Nicht-Hundebesitzern niedrigere Cortisolwerte aufweisen, was auf eine Reduktion von Stresshormonen hinweist. Studien belegen, dass der Kontakt mit Hunden Stress reduziert, das Wohlbefinden steigert und sogar depressive Symptome lindert[127]. Die Beziehung zwischen Hund und Mensch ist demnach eine komplexe, bidirektionale Bindung, die auf evolutionären, neurobiologischen und psychologischen Mechanismen beruht.

Der Mensch kann in der Beziehung zu seinem Hund allerdings auch „toxisch" sein, was sich negativ auf das Wohlbefinden und die Gesundheit des Hundes auswirkt. Mangelndes Verständnis für die Bedürfnisse und Verhaltensweisen des Hundes kann dazu führen, dass der Mensch unangemessen oder überfordert reagiert[128,129]. Studien wie die von McMillan (2017)[130] zeigen, dass unzureichende Kommunikation und Missverständnisse zwischen Mensch und Hund zu Verhaltensproblemen und emotionaler Belastung beim Hund führen[131]. Zudem kann Überforderung oder Überfürsorglichkeit, die aus einem Mangel an Wissen oder emotionaler Abhängigkeit resultiert, schädlich sein. Wenn Menschen versuchen, ihren Hund zu kontrollieren oder überzubehüten, ohne die

---

125 Herbeck, Y. E., Gulevich, R. G., Shepeleva, D. V., & Grinevich, V. V. (2017). Oxytocin: Coevolution of human and domesticated animals. *Russian Journal of Genetics: Applied Research*, 7(3), 235 – 242.

126 Friedmann, E., Son, H., & Saleem, M. (2015). The animal-human bond: Health and wellness. *In Handbook on animal-assisted therapy* (pp. 73 – 88). Academic Press.

127 Schöberl, I., Wedl, M., Bauer, B., Day, J., Möstl, E., & Kotrschal, K. (2012). Effects of owner-dog relationship and owner personality on cortisol modulation in human-dog dyads. *Anthrozoös*, 25(2), 199 – 214.

128 de Castro, A. C. V., Fuchs, D., Morello, G. M., Pastur, S., de Sousa, L., & Olsson, I. A. S. (2020). Does training method matter? Evidence for the negative impact of aversive-based methods on companion dog welfare. *Plos one*, 15(12), e0225023.

129 Casey, R. A., Naj-Oleari, M., Campbell, S., Mendl, M., & Blackwell, E. J. (2021). Dogs are more pessimistic if their owners use two or more aversive training methods. *Scientific Reports*, 11(1), 19023.

130 McMillan, F. D. (2017). Behavioral and psychological outcomes for dogs sold as puppies through pet stores and/or born in commercial breeding establishments: Current knowledge and putative causes. *Journal of Veterinary Behavior*, 19, 14 – 26.

131 McMillan, F. D. (2000). Quality of life in animals. *Journal of the American Veterinary Medical Association*, 216(12), 1904 – 1910.

natürlichen Bedürfnisse des Hundes zu respektieren, kann dies zu Frustration, Angst und Verhaltensauffälligkeiten beim Hund führen. Schon Serpell (1996) zeigte, dass eine Balance zwischen Fürsorge und Selbstständigkeit essenziell für eine gesunde Beziehung ist[132].

Auch emotionaler Missbrauch oder Vernachlässigung kennzeichnen toxische Beziehungen[133,134]. Wenn Menschen ihre Hunde emotional manipulieren, sie ignorieren, vernachlässigen oder misshandeln, entsteht eine nachhaltig toxische Dynamik. Hensley und Kollegen (2017) zeigen, dass Vernachlässigung und Misshandlung langfristig zu Angst, Aggression und psychosomatischen Problematiken bei Hunden führen[135].

Viele sogenannte „problematische" Verhaltensweisen von Hunden lassen sich auf menschliche Unsicherheit, Unwissenheit oder mangelnde Empathie zurückführen. Auch die Projektion menschlicher Emotionen und Erwartungen kann toxisch wirken: Wenn Menschen ihre eigenen unerfüllten Bedürfnisse, Ängste oder inneren Konflikte (bewusst oder unbewusst) auf ihren Hund übertragen, gerät die Beziehung aus dem Gleichgewicht. Der Hund wird dann Projektionsfläche für menschliche Gefühle.

Forschungen betonen, dass eine gesunde Mensch-Hund-Beziehung nur dann entstehen kann, wenn wir die artspezifischen Bedürfnisse und Verhaltensweisen des Hundes respektieren und fördern[136] (Serpell, 1996). Toxisches Verhalten – ob durch Vernachlässigung, Missbrauch oder emotionale Überforderung – schädigt den Hund emotional, somatisch, psychisch und physisch und kann langfristig zu gravierenden Verhaltensproblemen sowie gesundheitlichen Beeinträchtigungen führen.

---

132 Paul, E. S., & Serpell, J. A. (1996). Obtaining a new pet dog: Effects on middle childhood children and their families. *Applied Animal Behaviour Science*, 47(1 – 2), 17 – 29.

133 Philpotts, I., Dillon, J., & Rooney, N. (2019). Improving the welfare of companion dogs—Is owner education the solution?. *Animals*, 9(9), 662.

134 McMillan, F. D., Duffy, D. L., Zawistowski, S. L., & Serpell, J. A. (2015). Behavioral and psychological characteristics of canine victims of abuse. *Journal of Applied Animal Welfare Science*, 18(1), 92 – 111.

135 Hensley, C., Browne, J. A., & Trentham, C. E. (2018). Exploring the social and emotional context of childhood animal cruelty and its potential link to adult human violence. *Psychology, Crime & Law*, 24(5), 489 – 499.

136 Serpell, J. (1996). *In The Company of Animals: A Study of Human-Animal Relationships*. Cambridge University Press.

Selbstregulation – eine Grundlage für Wohlbefinden, Lernen und soziale Kompetenz

Selbstregulation bezeichnet die Fähigkeit eines Lebewesens, innere Zustände wie Erregung, Angst oder Frustration so zu steuern, dass es handlungsfähig bleibt und sich nicht dauerhaft in Stress oder Überforderung verliert. Diese Fähigkeit ist eine Grundvoraussetzung, um in einer komplexen sozialen Umwelt zurechtzukommen, neue Erfahrungen zu verarbeiten und sich sicher zu fühlen.

Biologische und neurologische Mechanismen

Die Basis der Selbstregulation liegt im Nervensystem, insbesondere in der Zusammenarbeit von limbischem System (z. B. Amygdala als „Alarmzentrum" für Bedrohungen) und präfrontalem Kortex (Kontroll- und Bewertungsfunktionen).

- Wird ein Hund plötzlich mit einem lauten Geräusch konfrontiert, springt zuerst das limbische System an: Herzschlag und Atmung beschleunigen sich, Stresshormone wie Adrenalin und Cortisol werden ausgeschüttet[137].
- Wenn jedoch ausreichend sichere Erfahrungen vorhanden sind, aktiviert der präfrontale Kortex hemmende Bahnen: Die Bedrohung wird als ungefährlich erkannt, die Stressreaktion fährt sich wieder herunter[138].

Dieses Zusammenspiel entwickelt sich erst durch Erfahrungen - es ist nicht von Geburt an voll funktionsfähig. Junge Lebewesen lernen diese Regulation über wiederholte Co-Regulation mit einer sicheren Bezugsperson[139].

---

137 Sapolsky, R. M. (2004). *Why Zebras Don't Get Ulcers: The Acclaimed Guide to Stress, Stress-Related Diseases, and Coping.* New York, NY: Holt.

138 Thayer, J. F., & Lane, R. D. (2000). A model of neurovisceral integration in emotion regulation and dysregulation. *Journal of Affective Disorders*, 61(3), 201 – 216.

139 Schore, A. N. (2001). Effects of a secure attachment relationship on right brain development, affect regulation, and infant mental health. *Infant Mental Health Journal*, 22(1 – 2), 7 – 66.

Psychologische Hintergründe

Selbstregulation ist die Fähigkeit, die eigenen inneren Zustände und Verhaltensweisen bewusst zu steuern. Sie ist eine zentrale Voraussetzung für gesundes soziales Miteinander und persönliche Stabilität. Psychologisch betrachtet umfasst sie insbesondere drei Kernkompetenzen:

- Aufmerksamkeitssteuerung: Die Fähigkeit, die eigene Aufmerksamkeit gezielt zu lenken – etwa weg von Störreizen oder hin zu relevanten Informationen. Dies hilft, fokussiert und präsent zu bleiben.
- Impulskontrolle: Die Fähigkeit, spontane Handlungen oder Reaktionen zu unterdrücken, wenn sie unpassend oder schädlich wären.
- Emotionsregulation: Der konstruktive Umgang mit eigenen Gefühlen – also sie wahrzunehmen, zu erleben und so zu steuern, dass sie weder unterdrückt noch unkontrolliert ausgelebt werden.

Auch Hunde verfügen über grundlegende Fähigkeiten zur Selbstregulation, also zur Steuerung von Aufmerksamkeit, Emotionen und Verhalten. Diese Fähigkeit ist jedoch – ähnlich wie beim Menschen – nicht angeboren in ihrer vollen Ausprägung, sondern entwickelt sich im Laufe der Zeit im Zusammenspiel mit der Umwelt, insbesondere mit einer verlässlichen Bezugsperson.

Ein selbstregulierter Hund kann z. B. auf eine provokative Reizsituation nicht sofort reaktiv (z. B. mit Bellen oder Aggression) antworten, sondern innehalten, beobachten und eine angemessenere Strategie wählen. Ebenso kann er lernen, Frustration auszuhalten, etwa wenn er kurz warten muss oder ein Bedürfnis nicht sofort erfüllt wird.

Diese Fähigkeiten entstehen nicht durch Strenge oder Druck, sondern durch emotionale Sicherheit, Verlässlichkeit und eine sichere Bindung zu seinem Menschen[140].

---

140 Porges, S. W. (2011). *The Polyvagal Theory: Neurophysiological Foundations Of Emotions, Attachment, Communication, and Self-Regulation.* New York, NY: Norton.

Wie Hunde lernen, ihre eigenen Emotionen zu steuern

Hunde kommen mit einem unausgereiften Nervensystem zur Welt. Sie können anfänglich nur begrenzt mit starken Gefühlen wie Angst, Aufregung oder Frustration umgehen. Selbstregulation, entwickelt sich erst über Zeit – und immer im Rahmen von sicheren sozialen Beziehungen.

Damit ein Hund lernt, seine Emotionen zu steuern, braucht er zunächst wiederholt Erfahrungen von Co-Regulation: eine feinfühlige Bezugsperson, die in Stressmomenten beruhigend wirkt, Orientierung gibt und zeigt: *„Du bist sicher, ich begleite dich."* Über viele solche Momente bildet sich im Nervensystem des Hundes ein inneres Muster: Stress kann abgebaut werden, Sicherheit ist möglich. Mit zunehmendem Alter und stabilen Bindungserfahrungen wird der Hund dann beginnen, diese Muster selbst anzuwenden.

6. Entwicklungstrauma

Ein Entwicklungstrauma entsteht durch wiederholte oder anhaltende Erfahrungen von Stress, Überforderung oder mangelnder Sicherheit in einer Lebensphase, in der sich Körper und Nervensystem noch entwickeln. Bei Hunden ist die frühe Lebenszeit entscheidend: Das Gehirn und das Stress-Regulationssystem sind noch formbar. Sie brauchen sichere Beziehungen, Schutz und verlässliche Strukturen, um gesunde Stressverarbeitung und Bindungsfähigkeit aufzubauen. Wenn stattdessen Angst, Vernachlässigung, Unsicherheit oder sogar Gewalt erlebt werden, „lernt" das Nervensystem, dass die Welt unberechenbar und potenziell gefährlich ist. Das führt dazu, dass Stressreaktionen dauerhaft erhöht bleiben oder das System in manchen Situationen „abschaltet". Dadurch werden grundlegende Strukturen wie Bindungsfähigkeit, Selbstregulation und Vertrauen in die Umwelt nachhaltig geprägt.

Entwicklungstrauma bezeichnet psychische und körperliche Belastungen. Die Forschung zeigt, dass sich häufig Veränderungen in neurobiologischen Systemen nachweisen lassen, etwa in der HPA-Achse, was langfristig zu erhöhter Vulnerabilität für Angststörungen, Depressionen und dissoziative Symptome führen kann[141]. Entwicklungspsychologisch betrachtet wird das Gehirn in einem Zustand dauerhafter Alarmbereitschaft geformt, was sich später in dysfunktionalen Beziehungsmustern und Schwierigkeiten in der Emotionsregulation niederschlagen kann[142].

141 Teicher, M. H., & Samson, J. A. (2016). Annual Research Review: Enduring neurobiological effects of childhood abuse and neglect. *Journal of Child Psychology and Psychiatry,* 57(3), 241–266.

142 Schore, A. N. (2001). The effects of early relational trauma on right brain development, affect regulation, and infant mental health. *Infant Mental Health Journal*, 22(1–2), 201–269.

Prägungsphasen und frühe Erfahrungen

Prägungsphasen und frühe Erfahrungen werden in der Entwicklungspsychologie als besonders sensible Zeitfenster beschrieben, in denen das Gehirn eine erhöhte Plastizität aufweist und Umweltreize tiefgreifend auf neuronale Strukturen und psychische Funktionen wirken. In diesen sensiblen Phasen werden grundlegende Muster der Bindung, der Stressregulation und der sozialen Interaktion geprägt[143]. Bei Hunden ist die sensible Entwicklungsphase die sogenannte Sozialisierungsphase (etwa zwischen der 3. und 14. Lebenswoche, mit einer individuellen Variation je nach Rasse und Reifungstempo). In dieser Zeit lernt der Welpe, welche Reize als sicher gelten können, welche sozialen Signale Bedeutung haben und wie er sich in einer komplexen Umwelt orientiert[144].

Traumasensibel betrachtet bedeutet dies: Frühe Erfahrungen, ob förderlich oder belastend, hinterlassen in diesen Phasen besonders nachhaltige Spuren. Hunde sind in dieser Zeit auf verlässliche Bezugspersonen angewiesen, um sichere Bindungen zu entwickeln und emotionale Sicherheit zu erleben. Fehlen solche Erfahrungen, wie es bei Vernachlässigung oder chronischem Stress der Fall sein kann, reagiert das sich entwickelnde Gehirn adaptiv, jedoch oft mit langfristigen Kosten, z.B. einer erhöhten Stressreaktivität oder Schwierigkeiten im Erleben von Vertrauen[145]. Neurowissenschaftlich betrachtet reifen in dieser Phase Strukturen wie die Amygdala und präfrontale Netzwerke aus, die für emotionale Regulation entscheidend sind. Stresshormonsysteme wie die HPA-Achse werden „kalibriert" und bleiben bei traumatisch geprägten Welpen oft überempfindlich[146].

---

143 Fox, M. W. (1971). Overview and critique of stages and periods in canine development. Developmental Psychobiology: *The Journal of the International Society for Developmental Psychobiology,* 4(1), 37-54.

144 Scott, J. P., & Fuller, J. L. (1965). *Genetics and the Social Behavior of the Dog.* University of Chicago Press.

145 Schore, A. N. (2001). The effects of early relational trauma on right brain development, affect regulation, and infant mental health. *Infant Mental Health Journal*, 22(1 – 2), 201 – 269.

146 Pekkin, A. M., Hänninen, L., Tiira, K., Koskela, A., Pöytäkangas, M., Lohi, H., & Valros, A. (2016). The effect of a puppy group class in the fearfulness of dogs. *Applied Animal Behaviour Science*, 189, 1 – 7.

Zentrale Faktoren, die zur Entstehung eines Entwicklungstraumas beitragen

Ein Entwicklungstrauma entsteht durch andauernden emotionalen Stress. Entscheidend ist dabei nicht nur, was passiert, sondern vor allem was fehlt – etwa Sicherheit, Bindung, Verlässlichkeit und emotionale Spiegelung. Wiederholte Erfahrungen von Vernachlässigung, Überforderung oder emotionaler Kälte prägen das Nervensystem und haben langfristige Folgen für die emotionale und soziale Entwicklung.

1. Mangelnde sichere Bindung:

Ein junges Lebewesen braucht eine Bezugsperson, die als sicherer Hafen dient. Fällt diese Rolle weg – etwa durch emotionale Abwesenheit, Vernachlässigung oder wechselnde Bezugspersonen – kann sich kein stabiles Bindungsmuster entwickeln.

Beispiel Hund: Ein Welpe wächst in einer reizarmen Zwingerhaltung auf, die Mutter ist überfordert oder aggressiv. Der Welpe erlebt Nähe nicht als Schutz, sondern als potenziell bedrohlich.

2. Wiederholte Überforderung ohne Hilfe:

Ständige Überforderung ohne unterstützende Co-Regulation führt zu einem Nervensystem, das auf „Alarm" programmiert bleibt. Stresshormone wie Cortisol und Adrenalin prägen sich in der frühen Entwicklung stärker ins System ein und können die Schaltkreise zwischen Amygdala, Hippocampus und präfrontalem Kortex verändern.

Beispiel Hund: Ein junger Hund muss stundenlang allein sein, weint und schreit, niemand kommt. Das System lernt: *Niemand hilft mir, auch wenn ich in Not bin.*

3. Widersprüchliche Erfahrungen mit Nähe:

Wenn die Bezugsperson selbst Quelle von Stress ist – etwa schimpft oder bestraft, obwohl der Hund Hilfe sucht – entsteht Ambivalenz: Nähe bedeutet Trost und Bedrohung zugleich.

Beispiel Hund: Nach einem Schreck rennt der Welpe zum Menschen, wird aber grob gepackt oder angeschrien. Später sucht der Hund Nähe, hat aber gleichzeitig Angst vor Strafe.

4. Fehlende Möglichkeit zur Integration:

Entwicklungstrauma entsteht auch, wenn keine Gelegenheit besteht, Erlebtes zu verarbeiten. Ohne sichere Co-Regulation können Emotionen und Körperempfindungen nicht sinnvoll eingeordnet werden.

Beispiel Hund: Nach einer schmerzhaften Erfahrung beim Tierarzt fehlt die Zeit und der Schutz, um diese Erfahrung nachträglich in Sicherheit zu überschreiben. Künftige Arztbesuche lösen dann Panik aus.

Entwicklungstrauma sind nicht einfach „schlechtes Verhalten", sondern eine Anpassung an unsichere Bedingungen. Das Nervensystem hat gelernt, in Alarmbereitschaft zu überleben. Für die Arbeit mit Hunden heißt das: Wir müssen erkennen, dass viele Verhaltensweisen – wie Trennungsangst, übermäßiges Kontrollverhalten oder Misstrauen – Spuren solcher frühen Erfahrungen sind.

Epigenetische Folgen auf Verhalten und Stressverarbeitung

Wenn ein Hund in seinen frühen Lebensphasen belastende Erfahrungen macht wird sein Stress- und Bindungssystem nachhaltig verändert. Das liegt daran, dass in dieser Zeit das Gehirn und das Hormonsystem besonders formbar sind. Strukturen wie die Amygdala (wichtig für Angstverarbeitung) und der präfrontale Kortex (wichtig für Impulskontrolle und Beruhigung) entwickeln sich. Das Nervensystem „lernt". Daraus entsteht häufig eine dauerhafte Überempfindlichkeit gegenüber Stressreizen[147]. Manche Hunde wirken „überangepasst", vermeiden neue Reize und zeigen wenig Erkundungsverhalten. Andere zeigen eine dauerhafte Anspannung oder Probleme mit der Impulskontrolle[148].

Studien zeigen, dass frühe belastende Erfahrungen epigenetische Veränderungen auslösen können, die Einfluss auf die Expression von Genen nehmen, die für Stresshormonsysteme relevant sind[149,150]. Diese Veränderungen beeinflussen, welche Gene aktiviert oder stillgelegt werden, insbesondere in Bezug auf Stressverarbeitung und soziale Kompetenzen und bilden die Grundlage dafür wie Hunde in späteren Lebensphasen emotionale und soziale Herausforderungen verarbeiten. Grillaert (2021) beschreibt in ihrer Arbeit, dass unterschiedlich sozialisierte Hunde nicht nur deutliche Verhaltensunterschiede zeigen, sondern auch epigenetisch messbare Anpassungen aufweisen. Diese biologischen Veränderungen entstehen als Anpassungsreaktionen auf die Qualität der frühen sozialen Umwelt[151]. Ähnliche Ergebnisse beschreibt

147 Howell, T. J., King, T., & Bennett, P. C. (2015). Puppy parties and beyond: The role of early age socialization practices on adult dog behavior. *Veterinary Medicine: Research and Reports*, 6, 143–153.

148 Beerda, B., Schilder, M. B. H., van Hooff, J. A. R. A. M., de Vries, H. W., & Mol, J. A. (1998). Behavioural, saliva cortisol and heart rate responses to different types of stimuli in dogs. *Applied Animal Behaviour Science*, 58(3–4), 365–381.

149 Meaney, M. J., & Szyf, M. (2005). Maternal care as a model for experience-dependent chromatin plasticity? *Trends in Neurosciences*, 28(9), 456–463.

150 Grillaert, K. M. (2021). *Behavioral and Epigenetic Variations in Differentially Socialized Dogs and A Relational Approach to Aggression in Pet Dogs* [Doctoral dissertation, Ghent University]. Ghent University Academic Bibliography.

151 a. a. O.

die Übersichtsarbeit von Meneses und Kollegen[152], die genetische und epigenetische Risikofaktoren für Trennungsangst bei Hunden untersucht. Sie kommen zu dem Schluss, dass negative frühe Erfahrungen – kombiniert mit genetischer Prädisposition – zu einer erhöhten Vulnerabilität führen können, wobei epigenetische Mechanismen als vermittelnde biologische Prozesse wirken.

Auch Awalt und Kollegen[153] untersuchten wie frühe Lebenserfahrungen von Hunden ihre biologische Stressverarbeitung und ihr Sozialverhalten im Erwachsenenalter beeinflussen und speziell, wie sich diese Erfahrungen auf die Methylierung bestimmter Gene auswirken (ein Glukokortikoid-Rezeptor-Gen und ein Oxytocin-Rezeptor-Gen), die eine wichtige Rolle bei der Stressreaktion und der sozialen Bindung spielen. Methylierung ist ein epigenetischer Prozess, der die Genaktivität verändern kann, ohne die DNA-Sequenz zu verändern. Eine erhöhte Methylierung kann dazu führen, dass weniger Rezeptoren gebildet werden. In dieser Studie zeigte sich, dass Hunde, die negative oder instabile frühe Erfahrungen gemacht hatten, eine stärkere Methylierung in diesen beiden Genen aufwiesen. Das führte dazu, dass sie weniger Stress- und Bindungshormone empfangen konnten. Parallel dazu wurden bei diesen Hunden auch erhöhte Cortisolwerte festgestellt. Außerdem hatten diese Hunde unsichere oder vermeidende Bindungsstile gegenüber ihren Bezugspersonen entwickelt. Im Gegensatz dazu wiesen Hunde mit stabilen und positiven frühen Erfahrungen geringere Methylierung in den untersuchten Genen, niedrigere Cortisolspiegel und sicherere Bindungsstile auf.

Das bedeutet, dass die Qualität der frühen Betreuung und Erfahrungen bei Hunden nicht nur ihr Verhalten prägt, sondern auch tiefgreifende biologische Veränderungen bewirkt. Das Stresshormonsystem solcher Hunde bleibt oft dauerhaft hochaktiviert. Studien zeigen, dass Hunde mit belastenden Erfahrungen erhöhte Cortisolspiegel und eine verzögerte Rückkehr zu Ruhewerten nach Stress aufweisen[154].

---

152 Meneses, T., Robinson, J., Rose, J., Vernick, J., & Overall, K. L. (2021). Review of epidemiological, pathological, genetic, and epigenetic factors that may contribute to the development of separation anxiety in dogs. *Journal of the American Veterinary Medical Association*, 259(10), 1118-1129.

153 Alupo, C. (2017). *Canine PTSD* (Doctoral dissertation, SLU Skara).

154 Tiira, K., Sulkama, S., & Lohi, H. (2016). Prevalence, comorbidity, and behavioral variation in canine anxiety. *Journal of Veterinary Behavior*, 16, 36 – 44.

7. Trigger und Dissoziation

Was ist ein Trigger?

Ein Trigger im Zusammenhang mit Trauma ist ein Auslöser, der das Nervensystem plötzlich in einen alten Überlebenszustand zurückkatapultiert.

Ein Trigger ist häufig etwas Alltägliches, scheinbar Harmloses: ein Geräusch, ein Geruch, eine Bewegung, ein Tonfall. Neurobiologisch geschieht dabei Folgendes: Die Amygdala erkennt ein Signal, das Ähnlichkeit mit einer früheren Bedrohung hat, und schlägt sofort Alarm. Noch bevor der präfrontale Kortex prüfen kann „Ist das wirklich gefährlich?", ist der Körper schon im Überlebensmodus. Bei einem Menschen kann das zu Flashbacks, Panik oder Erstarrung führen – bei einem Hund zeigt sich das in plötzlicher Angst, Fluchtverhalten, Aggression oder in einem „Abschalten".

Ein Hund, der früher zum Beispiel eingesperrt war und angeschrien wurde, kann Jahre später bei einem lauten Schlüsselbund oder einer schnellen Handbewegung zusammenzucken, fliehen oder schnappen. Das Geräusch oder die Bewegung ist der Trigger. Für den Hund fühlt es sich nicht wie „Erinnerung" an, sondern wie: *Es passiert wieder! Ich muss überleben!*

Trigger sind also Reize in der Gegenwart – etwa Geräusche, Gerüche, Bilder oder innere Körperempfindungen – die im Gehirn und Körper Erinnerungen an unverarbeitete, belastende oder traumatische Erfahrungen aktivieren. Psychologisch betrachtet führen Trigger dazu, dass der Hund sich plötzlich so fühlt, als befände er sich erneut in der damaligen bedrohlichen Situation. Dies geschieht, weil das Gehirn die aktuelle Situation mit gespeicherten, emotional aufgeladenen Erfahrungen verknüpft und dadurch intensive Gefühle wie Angst, Ohnmacht oder Wut hervorgerufen werden.

Neuropsychologisch

Neuropsychologisch lässt sich dieses Phänomen damit erklären, dass die Amygdala als „Alarmzentrale" des Gehirns auf vermeintliche Bedrohungen blitzschnell reagiert, während der präfrontale Kortex, der für rationale Einschätzung zuständig ist, vorübergehend in seiner Funktion gehemmt wird. Der Hippocampus, der für die zeitliche Einordnung von Erinnerungen verantwortlich ist, ist in solchen Momenten ebenfalls beeinträchtigt. Dadurch wird die Erinnerung an ein traumatisches Erlebnis nicht als „Vergangenheit" abgespeichert, sondern wie eine aktuelle Bedrohung erlebt.

Biologisch

Biologisch betrachtet aktiviert ein Trigger die Stresssysteme des Körpers. Über die HPA-Achse werden Stresshormone wie Adrenalin und Cortisol ausgeschüttet. Diese Stoffe bereiten den Körper auf Kampf, Flucht oder Erstarrung vor: Der Herzschlag beschleunigt sich, die Muskulatur spannt sich an, die Verdauung wird heruntergefahren und das Immunsystem verändert seine Aktivität. All diese Prozesse laufen automatisch ab, ohne dass der Hund Einfluss darauf nehmen kann.

Studien bestätigen diese Mechanismen. Beispielsweise zeigen neurobiologische Untersuchungen, dass bei traumatisierten Individuen Trigger mit einer Überaktivierung der Amygdala und einer verminderten Aktivität des präfrontalen Kortex einhergehen[155]. Ebenso wird in psychologischen Studien beschrieben, dass Trigger spezifische Reiz-Reaktions-Verknüpfungen darstellen, die über klassische Konditionierung gelernt wurden und in traumabezogenen Störungen eine zentrale Rolle spielen[156].

155 Alupo, C. (2017). *Canine PTSD* (Doctoral dissertation, SLU Skara).

156 Brewin, C. R., Gregory, J. D., Lipton, M., & Burgess, N. (2010). Intrusive images in psychological disorders: characteristics, neural mechanisms, and treatment implications. *Psychological Review*, 117(1), 210.

Traumatherapeutisch

Während in der Traumaforschung und -therapie mit Triggern ganz spezifische Reize gemeint sind, die ein traumatisches Erinnerungsnetzwerk aktivieren und damit Symptome wie Flashbacks, Dissoziationen oder intensive Angst auslösen, wird der Begriff im Alltag oft für jede Form von unangenehmer Konfrontation oder emotionaler Belastung genutzt.

Psychologisch ist es so, dass nicht jedes als unangenehm empfundene Ereignis tatsächlich ein traumabezogener Trigger ist. Ein echter Trigger im engeren traumatherapeutischen Sinn aktiviert gespeicherte, nicht verarbeitete Erinnerungsnetzwerke im limbischen System. Dadurch wird ein Gefühl der akuten Bedrohung erzeugt, obwohl objektiv keine Bedrohung besteht. Ein allgemeiner Stressor hingegen kann ebenfalls unangenehm sein oder belastend wirken, löst aber keine spezifische traumatische Erinnerungskaskade aus[157].

Neuropsychologisch lässt sich dieser Unterschied daran verdeutlichen, dass echte Trigger eine Überaktivierung der Amygdala und eine Dysregulation zwischen Amygdala, Hippocampus und präfrontalem Kortex hervorrufen. Diese führen dazu, dass Betroffene Vergangenheit und Gegenwart nicht mehr klar trennen können.

Beispiele von Triggern

Jeder Trigger aktiviert das Stresssystem neu. Das ist für den Hund hoch belastend und kann dazu führen, dass er dauerhaft in Anspannung lebt. Die Folge ist oft Vermeidung (er geht nicht mehr an bestimmten Orten vorbei), Überreaktion (er bellt oder beißt plötzlich) oder Rückzug (er friert ein, wirkt „nicht ansprechbar").

157 Bhui, K., & Butcher, I. (2023). The trouble with trauma and triggering. *The Lancet Psychiatry*, 10(7), 478–479.

Hier einige Beispiele von Triggern:

1. Plötzliche laute Geräusche wie Donner oder Feuerwerk können bei traumatisierten Hunden starke Angst- und Stressreaktionen auslösen.[158]

2. Unerwartete Berührungen oder Nähe von fremden Menschen wirken bei Hunden mit Misshandlungserfahrung oft als Trigger für Flucht- oder Abwehrverhalten.[159]

3. Bestimmte Gerüche oder visuelle Reize, die an traumatische Situationen erinnern, können die Aktivierung des Stresssystems verstärken und zu Panikattacken führen.[160]

4. Konfrontation mit anderen Hunden kann bei zuvor misshandelten Hunden eine Überreaktion und erneute Traumatisierung auslösen.[161]

5. Veränderungen in der Umgebung oder Routine, wie ein Umzug oder neue Personen im Haushalt, können bei Hunden mit PTBS Symptome verstärken und Stresshormone ansteigen lassen.[162]

---

158 Alupo, C. (2017). *Canine PTSD* (Doctoral dissertation, SLU Skara).

159 d'Ingeo, S., Iarussi, F., De Monte, V., Siniscalchi, M., Minunno, M., & Quaranta, A. (2021). Emotions and dog bites: Could predatory attacks be triggered by emotional states?. *Animals*, 11(10), 2907.

160 Awalt, S. L., Boghean, L., Klinkebiel, D., & Strasser, R. (2024). A dog's life: Early life histories influence methylation of glucocorticoid (NR3C1) and oxytocin (OXTR) receptor genes, cortisol levels, and attachment styles. *Developmental Psychobiology*, 66(3), e22482.

161 Alupo, 2017.

162 McEwen, 2017.

Dissoziation

Dissoziation beschreibt psychologische Zustände, bei denen Wahrnehmung, Bewusstsein, Gedächtnis oder Identität teilweise abgespalten sind – oft als Folge von Trauma oder chronischem Stress. Dissoziation ist ein Schutzmechanismus des Nervensystems. Wenn eine Situation zu überwältigend ist und Kampf oder Flucht nicht möglich sind, greift das System auf ein drittes Überlebensprogramm zurück: Erstarren, Abspalten, „Nichtdasein". Wissenschaftlich wird dies mit einer starken Aktivierung des Parasympathikus (vor allem des sogenannten dorsalen Vagus, siehe Kapitel 8) in Verbindung gebracht. Der Körper fährt herunter, Herzfrequenz und Muskeltonus sinken, die Wahrnehmung wird verändert. Das Gehirn trennt bestimmte Eindrücke vom Bewusstsein, um das Überleben zu sichern.

In ihrer Fallstudie beschreibt Masson (2025) einen Mischling, der nach der Adoption durch wiederholte Episoden auffiel, in denen er auf Reize nicht mehr adäquat reagierte, teilweise völlig abwesend wirkte, starre Körperhaltung zeigte und sich anschließend an nichts zu erinnern schien. Die Halterin berichtete zudem von extremen Reaktionen auf laute Geräusche, plötzliche Bewegungen oder menschliche Nähe – klassische Trigger für dissoziative Zustände.

Vor einer endgültigen Diagnose wurden folgende mögliche Ursachen ausgeschlossen:

- **Epileptische Anfälle:** Ein MRT und ein EEG zeigten keine Hinweise auf neurologische Anomalien.
- **Sensorische Einschränkungen:** Seh- und Hörfähigkeit waren unauffällig.
- **Demenz oder kognitive Dysfunktion:** Aufgrund des jungen Alters (ca. 2 Jahre) und des plötzlichen Beginns unwahrscheinlich.
- **Posttraumatische Belastungsstörung (PTBS):** Sehr wahrscheinlich in Kombination mit dissoziativen Symptomen.

Masson (2025) argumentiert, dass der Hund wahrscheinlich an einem dissoziativen Syndrom infolge früher Traumatisierung litt, vergleichbar mit dissoziativen Zuständen beim Menschen.

Wissenschaftlich beschrieben sind bisher Symptome wie „Einfrieren", Apathie oder reaktive Aggression bei Hunden nach Trauma[163,164]. Ein Hund, der dissoziiert, wirkt oft plötzlich „weg": Er reagiert nicht mehr auf Ansprache, wirkt starr, der Blick geht ins Leere, die Muskulatur wird schlaff oder umgekehrt wie eingefroren, sie „schalten ab".

Neurobiologisch betrachtet ist das eine Notbremse. Die Amygdala meldet höchste Gefahr, Flucht oder Angriff ist nicht möglich, also greift der dorsale Vagus ein und sorgt für eine Art „Notabschaltung". Für den Hund bedeutet das: Er schützt sich, indem er den Kontakt zum Moment verliert. Außenstehende interpretieren das manchmal fälschlich als Sturheit oder Desinteresse – tatsächlich ist es ein Zeichen einer akuten Überwältigung.

Wohin führt das?

Wenn Dissoziation auftritt, kann der Hund im Alltag nicht mehr richtig lernen, weil Lernen ein aktives, präsentes Nervensystem braucht. Er zieht sich in sich zurück und entwickelt oft zusätzliche Symptome wie Appetitlosigkeit oder Verdauungsprobleme, weil auch der Körper im Überlebensmodus nicht mehr optimal arbeitet.

Dissoziation ist also kein „Fehler" im Hund, sondern ein hochintelligenter Schutzmechanismus. Versteht man ihn, kann man viel besser auf den Hund eingehen und ihm helfen, wieder mehr Präsenz und Lebensfreude zu gewinnen.

---

163 Alupo, C. (2017). *Canine PTSD* (Doctoral dissertation, SLU Skara).
164 d'Ingeo, S., et al. (2021). Emotions and dog bites: Could predatory attacks be triggered by emotional states? *Animals*, 11(10), 2907.

Traumasensible Begleitung für unsere Hunde:

- viel Sicherheit und Vorhersagbarkeit schaffen,
- Auslöser (Trigger) so gut wie möglich vermeiden,
- sehr behutsame Reize setzen,
- kleine Schritte und Erfolgserlebnisse ermöglichen,
- dem Hund Zeit geben, wieder „ins Hier und Jetzt" zu finden (z. B. über sanfte Ansprache, ruhige Berührung, bekannte Rituale).

Masson (2025) nutzte folgenden Therapieansatz erfolgreich:

- Verhaltenstherapie (zum Beispiel Desensibilisierung und Gegenkonditionierung): Langsame Gewöhnung an angstauslösende Reize in sicherer Umgebung.
- Medikamentöse Unterstützung: Einsatz von Fluoxetin (ein SSRI) zur Stabilisierung der Stimmung und Reduktion der Reizbarkeit.
- Strukturierte Tagesroutine und positive soziale Interaktionen zur Förderung von Vorhersagbarkeit und Vertrauen

Nach etwa vier Monaten zeigte der Hund deutliche Fortschritte: Die dissoziativen Episoden traten seltener auf, seine Reaktivität gegenüber alltäglichen Reizen nahm deutlich ab, und er zeigte erstmals spielerisches und bindungsorientiertes Verhalten.

8. Die Polyvagal-Theorie oder Die Suche nach gefühlter Sicherheit

Die Polyvagal-Theorie ist eine wissenschaftlich fundierte, transdisziplinäre Theorie, die beschreibt, wie unser vegetatives Nervensystem – insbesondere das autonome Nervensystem – unsere Reaktionen auf die Herausforderungen des Lebens beeinflusst und umgekehrt von diesen geprägt wird. Die Theorie geht davon aus, dass Säugetiere über evolutionär entwickelte Mechanismen der neuronalen Selbstregulation verfügen, die Sicherheit, Bindung und Überleben ermöglichen.

Die Polyvagal-Theorie, entwickelt von Stephen W. Porges[165], beschreibt die Funktion des autonomen Nervensystems (ANS) differenzierter als das klassische Zwei-Zweige-Modell von Sympathikus und Parasympathikus. Stephen Porges kam zu der Erkenntnis, dass der Nervus Vagus bei Säugetieren in zwei Anteile gegliedert ist. Neben dem älteren Vagus, der unter anderem den Totstellreflex in lebensbedrohlichen Situationen steuert, entwickelte sich bei Säugetieren ein jüngerer Vagus, der vor allem die Regulation in Momenten von Sicherheit und sozialer Verbundenheit übernimmt. Er geht davon aus, dass der Vagusnerv – als Hauptbahn des Parasympathikus – evolutionär in unterschiedliche Funktionskreise gegliedert ist die soziale Interaktion, emotionale Regulation und Stressreaktionen steuern. Somit besteht das ANS aus drei Systemen, dem vorderen Vagusnerv, dem Sympathikus und dem hinteren Vagusnerv. Die beiden Teile des Parasympathikus sind für unterschiedliche Arten von Ruhe zuständig[166].

Bei den meisten Wirbeltieren basieren die primären Verteidigungsstrategien auf zwei grundlegenden Reaktionsmustern: Kampf oder Flucht

---

165 Porges, S. W. (1995). Orienting in a defensive world: Mammalian modifications of our evolutionary heritage. *Psychophysiology*, 32(4), 301 – 318.

166 Für eine Zusammenfassung und Diskussion der Kritik an Porges' Theorie siehe https://polyvagal-akademie.com/kritik-an-der-polyvagal-theorie von Dr. A. Pfeiffer.

sowie Immobilisierung. Das Kampf-oder-Flucht-Verhalten dient dazu, auf eine Bedrohung entweder mit aktiver Flucht oder mit Verteidigung zu reagieren. Dafür werden schnell große Mengen an Energie benötigt. Im Gegensatz dazu stellt die Immobilisierung eine evolutionär ältere Verteidigungsform dar, die von nahezu allen Wirbeltieren genutzt wird. Sie ist eine energieeinsparende Strategie, die darauf abzielt, den Stoffwechsel herunterzufahren, etwa wenn Nahrung oder Sauerstoff knapp sind, oder um durch Totstellreflexe für Raubtiere weniger attraktiv zu erscheinen. Diese Form der Reaktion erfordert eine tiefgreifende Dämpfung der autonomen Funktionen, vermittelt über einen speziellen vagalen Pfad innerhalb des parasympathischen Nervensystems.

Die Polyvagal-Theorie beschreibt den autonomen Zustand nicht nur als Begleiterscheinung von Emotionen, sondern als aktiven Mitgestalter von Wahrnehmung, Reaktion und Stimmung. Der physiologische Zustand fungiert dabei als eine sogenannte intervenierende Variable – also als vermittelnder Faktor zwischen einem äußeren Reiz und unserer inneren Reaktion darauf. Je nachdem, in welchem Zustand sich das autonome Nervensystem befindet, können identische Umweltreize völlig unterschiedlich wahrgenommen werden: als neutral, als angenehm oder als bedrohlich *(Neurozeption)*.

Der Vagusnerv ist der größte Nerv des Parasympathikus und teilt sich in zwei Stränge, den myelinisierten und den nicht myelinisierten Teil. Der Vagusnerv verbindet das Gehirn mit dem Herzen und dem Darm. Er ist auch mit der Lunge, dem Zwerchfell, der Leber und der Milz verbunden. Das erklärt, warum bei Störungen des Vagusnervs Symptome oft an mehreren Orten gleichzeitig auftreten. Je nachdem, welches System gerade aktiv ist, reagieren Hunde unterschiedlich auf Stress. Wenn der vordere Vagus aktiviert ist, fühlen sie sich entspannt, sicher und sozial. Wenn in diesem Zustand ein Problem auftaucht, versuchen sie zunächst, es auf soziale Art und Weise zu lösen: durch Kooperation, indem sie z. B. um Hilfe bitten und indem sie mit uns oder anderen Partnern kommunizieren. Wenn diese Versuche nicht ausreichen, um das Problem zu lösen, wird der Sympathikus aktiviert. Das ist die klassische Stressreaktion, die wir alle kennen. Hier geht es um Mobilisierung, also um intensive körperliche Bewegung, durch die wir die Bedrohung entweder bekämpfen oder ihr entfliehen. Kommunikation und Kooperation funktionieren hier nicht mehr. Wenn auch die Mobilisierung nicht ausreicht, um das Problem zu lösen, oder wenn Bewegung nicht möglich ist (z. B. weil der Hund in eine Ecke gedrängt wird), wird der hintere Vagus aktiviert und damit das primitivste aller Schutzsysteme. Dieses System gab es bereits bei Reptilien und zeigt sich dort als Totstellen bei Gefahr. Bei uns äußert sich diese Schutzreaktion als „Erstarren": Bewegungslosigkeit, Kraftlosigkeit oder emotionales Abschalten. Diese Reaktion ist typisch für Trauma.

Die Polyvagal-Theorie hebt hervor, dass der physiologische Zustand maßgeblich unser Verhalten, unsere geistige Leistungsfähigkeit sowie unsere emotionalen und sozialen Kompetenzen beeinflusst und nicht nur kurzfristige Reaktionen steuert, sondern auch langfristige Auswirkungen auf Gesundheit, Lernen und emotionale Stabilität haben kann. So kann der physiologische Zustand sowohl positive gesundheitliche Prozesse wie Heilung, Wachstum und Regeneration unterstützen, als auch diese homöostatischen Funktionen stören.

In funktionaler Hinsicht beschreibt die Theorie den physiologischen Zustand als eine „neuronale Plattform", auf der alle weiteren Prozesse – ob Verhalten, Kognition, soziale Interaktion oder körperliche Funktionen – aufbauen. Verschiebungen innerhalb dieser Plattform haben unmittelbare Auswirkungen darauf, wie effektiv oder eingeschränkt diese Prozesse ablaufen.

Heute werden allerdings Situationen wie Konflikte, Überforderung, Isolation, Zeitdruck, etc. vom autonomen Nervensystem alle als Bedrohungen gedeutet und lösen früher oder später eine akute Stressreaktion aus. Allerdings lassen sich die wenigsten dieser Probleme durch Mobilisierung im Sinne von körperlicher Bewegung lösen. Und wenn Mobilisierung nicht ausreicht, um der Bedrohung zu entkommen, rutscht das Nervensystem in die Erstarrung – ein Mechanismus, der ursprünglich nur für lebensbedrohliche Ausnahmesituationen gedacht war!

Der Vagusnerv ist der zehnte Hirnnerv und die wichtigste parasympathische Bahn des autonomen Nervensystems. Er zieht vom Hirnstamm aus in zahlreiche Organsysteme – Herz, Lunge, Magen-Darm-Trakt – und reguliert dort unwillkürliche Prozesse wie Herzfrequenz, Atmung und Verdauung[167]. Der Name „vagus" (lat. für „umherschweifend") verweist auf die weite Verzweigung dieses Nervs im Körper.

Die Theorie postuliert diese drei hierarchisch organisierten Reaktionsmuster:

1. **Ventraler Vaguskomplex (myelinisiert):** Er unterstützt soziale Bindung, ruhige Aufmerksamkeit und kooperative Interaktionen. Aktivierung dieses Kreises ermöglicht „soziale Sicherheit" und eine flexible Anpassung an Umweltanforderungen.

2. **Sympathisches System:** Es vermittelt klassische Kampf oder Flucht Reaktionen bei Bedrohung.

3. **Dorsaler Vaguskomplex (unmyelinisiert):** Bei überwältigender Gefahr führt er zu Abschaltmechanismen wie Erstarrung, Dissoziation oder Kollaps.

Porges (2021) bezeichnet diese Reaktionsstufen als „Polyvagal Hierarchy".

Die Polyvagal-Theorie führt zu einem grundlegend anderen Verständnis von „Stress". Stress wird als chronische Störung homöostatischer Prozesse verstanden. Nicht jede Aktivierung des Nervensystems gilt demnach als Stress. Vorübergehende, adaptive Reaktionen des autonomen Nervensystems auf Anforderungen – etwa bei körperlicher Aktivität oder geistiger Anstrengung – sind Teil einer gesunden Regulation, sofern sie von einer schnellen Rückkehr in einen ausgleichenden, stabilisierenden Zustand begleitet werden.

Ein Nervensystem im chronischen Bedrohungsmodus zeigt charakteristische Merkmale: einen reduzierten ventral-vagalen Tonus (der mit sozialer Regulation und Herzratenkontrolle verbunden ist), eine niedrige Schwelle für sympathische Aktivierung sowie eine erhöhte Anfälligkeit für eine dorsal-vagale Abschaltung (Shutdown). Diese Konstellation bereitet den Organismus auf Verteidigung und Überleben vor, begünstigt

---

167 Breit, S., Kupferberg, A., Rogler, G., & Hasler, G. (2018). Vagus nerve as modulator of the brain-gut axis in psychiatric and inflammatory disorders. *Frontiers in Psychiatry,* 9, 44.

jedoch gleichzeitig Hypervigilanz, emotionale Reizbarkeit und eine gestörte Regulation der inneren Organe.

Ein zentrales Konzept der Theorie ist die sogenannte *Vagusbremse*, die über die ventralen Bahnen des Vagusnervs vermittelt wird. Diese Bremse erlaubt es dem Körper, in einem Zustand der Ruhe zu bleiben, solange keine Gefahr besteht – sie kann jedoch rasch gelöst werden, um Bewegung, Aufmerksamkeit oder Reaktionen auf Bedrohungen zu ermöglichen.

Die Polyvagal-Theorie beschreibt eine hierarchisch organisierte Sequenz, die im Fall von anhaltender Bedrohung einer *Auflösung* folgt; so hemmen evolutionär jüngere, komplexere neuronale Systeme die älteren, einfacheren. Wenn die höheren Systeme durch Stress oder Trauma überfordert werden, verlieren sie ihre regulierende Funktion, und ältere, ursprünglichere Reaktionsmuster treten in den Vordergrund. Diese Systeme werden in einer festen Reihenfolge aktiviert, die der phylogenetischen Entwicklung entspricht. Bei einer Herausforderung versucht das autonome Nervensystem zunächst, über soziale Verbindung Sicherheit herzustellen. Bleibt diese Strategie erfolglos, werden nacheinander die älteren Systeme rekrutiert: zuerst das sympathische System zur Mobilisierung, dann – bei auswegloser Gefahr – das dorsale vagale System zur vollständigen Abschaltung. Dieses abgestufte Reaktionsmodell spiegelt eine funktionale Hierarchie wider, in der Sicherheit immer Vorrang hat, aber bei Bedarf schnell auf Überlebensmechanismen zurückgegriffen werden kann.

Wichtig ist: Soziale Kommunikation, emotionale Offenheit und viszerale Ausgeglichenheit sind unvereinbar mit den neurophysiologischen Zuständen, die der Verteidigung dienen. Das bedeutet, dass ein Nervensystem im Verteidigungsmodus nicht gleichzeitig auf soziale Signale reagieren oder körperliche Selbstregulation aufrechterhalten kann – ein zentraler Punkt für das Verständnis von Stress, Trauma und sozialer Dysregulation im Sinne der Polyvagal-Theorie.

Neurowissenschaftlich wird der Vagusnerv nicht mehr nur als einfache Bremse der Stressachse verstanden. Der Vagusnerv erhält Signale aus den verschiedensten Körperregionen. Diese werden dann sortiert, und zwar ganz primitiv in zwei Kategorien, sicher oder gefährlich. Die Polyvagal-Theorie bezeichnet diesen Prozess als Neurozeption.

Im Gegensatz zur bewussten Wahrnehmung funktioniert Neurozeption automatisch und schnell über neuronale Schaltkreise, die tief in unserer evolutionären Vergangenheit verwurzelt sind. Dieser Mechanismus ermöglicht es dem Nervensystem, blitzschnell auf Hinweise aus der Umwelt oder aus dem Körperinneren zu reagieren – lange bevor ein bewusster Denkprozess einsetzen kann.

Neurozeption erkennt, ob eine Situation *sicher*, *gefährlich* oder *lebensbedrohlich* ist, und löst entsprechend eine physiologische Anpassung aus. Diese Anpassung geschieht sofort und kann den gesamten inneren Zustand verändern – etwa, indem sie soziale Offenheit ermöglicht oder Verteidigungsmechanismen wie Kampf, Flucht oder Erstarrung aktiviert.

Neurozeption funktioniert damit wie ein eingebautes Frühwarnsystem, das ständig biologische und soziale Informationen decodiert – nicht auf bewusster, sprachlicher Ebene, sondern als automatische, körperlich spürbare Reaktion.

Neurozeption findet unbewusst statt. Das Nervensystem hat eine eigene „Meinung" zu allem, was gerade passiert. Diese Meinung entsteht viel schneller als bewusste Gedanken – und kann diesen sogar widersprechen. Das erklärt, warum unser Körper mit Stress auf scheinbar harmlose Situationen reagiert. Wenn es Gefahrensignale erhält, aktiviert es ganz automatisch die drei oben beschriebenen Schutzsysteme[168]. Auch bei Hunden wird Herzfrequenzvariabilität als Marker der Vagusaktivität verwendet: Hunde mit ausgeprägter vagaler Kontrolle zeigen in Testsituationen weniger Angst und eine schnellere Erholung nach Stress[169].

Die Polyvagal-Theorie stützt sich auf Konzepte aus der Evolutionsbiologie wie Exaptation und Kooptierung – Prozesse, bei denen bestehende

---

168 Kemp, A. H., Koenig, J., & Thayer, J. F. (2017). From psychological moments to mortality: A multidisciplinary synthesis on heart rate variability. *Biological Psychology*, 130, 70 – 83.

169 Katayama, M., Kubo, T., Mogi, K., & Nagasawa, M. (2016). Heart rate variability predicts the emotional state in dogs. *Behavioral Processes*, 128, 108 – 112.

Strukturen im Laufe der Evolution eine neue Funktion übernehmen. Das bedeutet: Eine anatomische oder verhaltensbezogene Struktur, die ursprünglich für einen bestimmten Zweck entstanden ist, kann später für andere, komplexere Funktionen „umgewidmet" werden. Diese Anpassungen spielen eine zentrale Rolle im Verständnis der Polyvagal-Theorie, da sie erklären, wie sich einfache biologische Systeme im Lauf der Evolution zu differenzierteren Mechanismen sozialer Regulation entwickelt haben. Über die Neurozeption vermittelt der ventrale Vagus soziale Signale und moduliert entsprechend den inneren Zustand – und bildet damit die Grundlage für eine Integration von Körperregulation, Bindung und Kommunikation.

Die Polyvagal-Theorie macht damit deutlich: Was einst primär der Lebenserhaltung diente, wurde im Lauf der Evolution zu einem komplexen Steuerungssystem umgestaltet, das soziale Interaktion, emotionale Stabilität und körperliche Homöostase miteinander verknüpft[170].

Studien

Castillo et al. (2022)[171] untersuchten den Effekt einer transkutanen zervikalen Vagusnervstimulation (tcVNS) bei gesunden Hunden. Die Forschenden applizierten dabei über Elektroden am Halsbereich milde elektrische Stimulationsimpulse, die den Vagusnerv aktivieren sollen, ohne chirurgische Eingriffe vorzunehmen. Die Ergebnisse zeigten signifikante Veränderungen im Elektroenzephalogramm (EEG) und in der Herzfrequenzvariabilität (HRV) der Hunde. Insbesondere eine erhöhte HRV wird als Marker einer gesteigerten vagalen Aktivität und damit einer verbesserten parasympathischen Regulation interpretiert. EEG-Messungen deuteten zudem auf veränderte kortikale Muster hin, die mit einem Zustand erhöhter Ruhe und verringerten Stressniveaus korrelieren. Diese Resultate belegen, dass die gezielte vagale Stimulation bei Hunden messbare neurophysiologische Effekte hat.

---

170 Porges, S. W., Dana, D. A., & Geller, S. (2019). Clinical applications of the Polyvagal Theory. *Frontiers in Psychiatry*, 10, 421.

171 Castillo, G., Gaitero, L., Fonfara, S., Czura, C. J., Monteith, G., & James, F. (2022). Transcutaneous cervical vagus nerve stimulation induces changes in the electroencephalogram and heart rate variability of healthy dogs, a pilot study. *Frontiers in Veterinary Science*, 9, 878962.

Auf neurobiologischer Ebene werden durch Vagusnervstimulation (VNS) unter anderem die Aktivität von Amygdala, Hippocampus und präfrontalem Kortex moduliert, also jener Strukturen, die emotionales Erleben, Angstverarbeitung und die Regulation des Stresssystems maßgeblich steuern. Zusätzlich zeigen Studien, dass VNS eine Normalisierung von Neurotransmitterkreisläufen (z. B. Serotonin, Noradrenalin) sowie eine Reduktion proinflammatorischer Zytokine bewirken, was mit einer verbesserten neuroplastischen Anpassungsfähigkeit des Gehirns einhergeht[172].

Für die veterinärmedizinische Verhaltensforschung ergibt sich daraus eine spannende Perspektive: Da auch bei Hunden emotionale Dysregulationen, Angststörungen oder stressassoziierte Verhaltensprobleme auftreten, kann die vagale Modulation ein Ansatz sein, um ähnlich wie in der Humanmedizin neurobiologische Schutz- und Regenerationsprozesse zu aktivieren. Pilotstudien bei Hunden, wie die Arbeit von Castillo et al. (2022), zeigen bereits, dass nichtinvasive VNS-Methoden messbare Effekte auf Herzfrequenzvariabilität und Ruheverhalten haben. Damit könnten sich langfristig neue, komplementäre Therapieoptionen entwickeln, die zusätzlich zu klassischen Verhaltenstherapien eingesetzt werden.

Neben nichtinvasiven Verfahren wie der transkutanen Vagusnervstimulation gibt es inzwischen auch Erkenntnisse zur implantierbaren Vagusnervstimulation (VNS) bei Hunden. Die Studie von Harcourt-Brown und Carter[173] untersuchte die Langzeitresultate von Hunden mit Epilepsie, die mit implantierbaren VNS-Geräten behandelt wurden. Die Ergebnisse zeigen, dass viele der behandelten Tiere eine signifikante Reduktion der Anfallshäufigkeit und -schwere erlebten. Zusätzlich wurden positive Nebeneffekte wie eine verbesserte Erholungsphase nach Anfällen sowie eine insgesamt stabilere Herzfrequenzvariabilität berichtet, was auf eine langfristige Modulation des autonomen Nervensystems hindeutet. Diese Befunde unterstützen die Hypothese, dass die VNS nicht nur auf

172 Austelle, C. W., O'Leary, G. H., Thompson, S., Gruber, E., Kahn, A., Manett, A. J., ... & Badran, B. W. (2022). A comprehensive review of vagus nerve stimulation for depression. *Neuromodulation: Technology at the Neural Interface*, 25(3), 309 – 315.

173 Harcourt Brown, T. R., & Carter, M. (2023). Long term outcome of epileptic dogs treated with implantable vagus nerve stimulators. *Journal of Veterinary Internal Medicine*, 37(6), 2102 – 2108.

kortikaler Ebene antikonvulsiv wirkt, sondern auch über vagale Afferenzen und zentrale Integrationszentren eine verbesserte Stress- und Erregungsregulation ermöglicht.

Die Bedeutung des Vagusnervs reicht weit über die Regulation von Emotionen und Stress hinaus. Aktuelle systematische Übersichtsarbeiten belegen zunehmend dessen Einfluss auf kardiovaskuläre Prozesse[174]. Sowohl invasive als auch nichtinvasive Formen der VNS verändern das Herz-Kreislauf-System, indem entzündliche Prozesse reduziert werden und die Anpassungsfähigkeit an Stresssituationen verbessert wird.

Biologisch basiert dieser Effekt auf der engen Verbindung zwischen Vagusnerv und Herz über den Hirnstamm. Die Aktivierung vagaler Bahnen führt zu einer verstärkten parasympathischen Dominanz, senkt die Herzfrequenz und wirkt einer chronischen sympathischen Überaktivierung entgegen. Diese Mechanismen schützen langfristig vor strukturellen und funktionellen Herzschäden, die mit chronischem Stress oder kardiovaskulären Erkrankungen assoziiert sind[175]. Für die veterinärmedizinische Forschung bedeutet das, dass der Vagusnerv auch bei Hunden als potenzielles Ziel für herzschützende Interventionen gesehen werden kann. Im Zusammenspiel mit dem autonomen Nervensystem könnte eine Stärkung der vagalen Aktivität die Belastbarkeit von Hunden mit kardialen Grunderkrankungen oder hoher Stressanfälligkeit verbessern.

Die Aktivierung des Vagusnervs greift zudem tief in zentrale Regulationssysteme des Organismus ein und kann dadurch neurobiologische Schutz- und Regenerationsprozesse anstoßen. Studien zeigen, dass VNS die Ausschüttung von Neurotransmittern wie Serotonin und Noradrenalin normalisieren kann, was mit einer verbesserten Stimmungslage und einer Reduktion pathologischer Stressreaktionen verbunden ist[176].

---

174 Castillo, G., Gaitero, L., Fonfara, S., Czura, C. J., Monteith, G., & James, F. (2022). Transcutaneous cervical vagus nerve stimulation induces changes in the electroencephalogram and heart rate variability of healthy dogs, a pilot study. *Frontiers in Veterinary Science*, 9, 878962.

175 Elamin, A. B. A., Forsat, K., Senok, S. S., & Goswami, N. (2023). Vagus nerve stimulation and its cardioprotective abilities: a systematic review. *Journal of Clinical Medicine*, 12(5), 1717.

176 Austelle, C. W., O'Leary, G. H., Thompson, S., Gruber, E., Kahn, A., Manett, A. J., ... & Badran, B. W. (2022). A comprehensive review of vagus nerve stimulation for depression. *Neuromodulation: Technology at the Neural Interface*, 25(3), 309–315.

Darüber hinaus wird durch VNS die Ausschüttung neurotropher Faktoren wie dem Brain-Derived Neurotrophic Factor (BDNF) gefördert, der die Neuroplastizität unterstützt und die Regeneration geschädigter neuronaler Netzwerke begünstigt. Parallel dazu kann VNS über antiinflammatorische Signalwege – vermittelt etwa durch eine Hemmung proinflammatorischer Zytokine – neuroprotektive Effekte entfalten und das Fortschreiten stressbedingter neuronaler Schädigungen verlangsamen. Diese Kombination aus erhöhter Plastizität, verbesserter Stressregulation und Entzündungshemmung schafft ein inneres Milieu, in dem sich das Gehirn nach Belastungserfahrungen neu organisieren und anpassen kann.

Zustand	Nervensystem	Verhalten beim Hund	Emotionale Reaktion
Kampf (Fight)	Sympathikus – Hyperarousal (Übererregung)	Knurren; Schnappen; Bellen; Körper angespannt; Drohverhalten	Überforderung, Wut, Frustration
Flucht (Flight)	Sympathikus – Hyperarousal	Weglaufen; Verstecken; Hecheln; Zittern; Vermeidung von Berührung; Fluchtversuche an der Leine	Angst, Panik, Unsicherheit
Regulation & Soziale Bindung	Parasympathikus (ventraler Vagus) – Fenster der Toleranz	Entspanntes Verhalten; Neugierde; Spielbereitschaft; Freundlicher Blick; Rute & Ohren neutral; lern- & kontaktbereit	Sicherheit, Ruhe, Offenheit
Erstarrung (Freeze)	Parasympathikus (dorsaler Vagus) – Hypoarousal	Apathisch; kein Spiel- oder Futterinteresse; Bewegungslosigkeit; keine Reaktion auf Ansprache	Rückzug, Hilflosigkeit, „Abschalten"

Das Polyvagal Institute USA hat ein Video veröffentlicht, das erklärt, wie sich das Nervensystem an Stress und Trauma anpasst. Das Video ist in englischer Sprache, allerdings wird es automatisch in deutsch synchronisiert:

Kritikpunkte an der Polyvagal-Theorie

Die inhaltliche Kritik an der Polyvagal-Theorie konzentriert sich auf drei wesentliche Punkte:

1. Dorsaler Vagus und Bradykardie bei Lebensgefahr

Kritiker bezweifeln, dass der *dorsale Vagus-Kern* beim Menschen eine relevante Bradykardie und Immobilisierung (Freezing) in Gefahrensituationen auslöst. Anatomisch gesehen stammen etwa 80 % der vagalen Fasern, die das Herz versorgen, aus dem *ventralen Vagus-Kern*; diese sind myelinisiert und schnell leitend. Nur 20 % stammen aus dem dorsalen Vagus-Kern und sind unmyelinisiert[177].

Während einige Studien nahelegen, dass der dorsale Vagus keine starke Bradykardie auslöst[178,179] bleibt die Frage wissenschaftlich umstritten. Andere Arbeiten zeigen, dass der dorsale Kern unter bestimmten Bedingungen, z. B. bei Sauerstoffmangel, funktionell relevant ist[180] (Veerakumar et al., 2022). Neuere Befunde deuten darauf hin, dass der ventrale Kern zwei spezialisierte neuronale Subtypen enthält, die je nach Kontext unterschiedliche kardiorespiratorische Reflexe auslösen – etwa den Tauchreflex bei Säugetieren (Veerakumar et al., 2022).

Tierstudien zeigen, dass bei kombinierter Angstinduktion und Eintauchen in Wasser extreme Bradykardien und Immobilisierung auftreten, was über die einfache Aktivierung des Tauchreflexes hinausgeht. Dies

---

177 Veerakumar, A., Yung, A. R., Liu, Y., & Krasnow, M. A. (2022). Molecularly defined circuits for cardiovascular and cardiopulmonary control. *Nature*, 606(7915), 739 – 746. https://doi.org/10.1038/s41586-022-04760-8

178 Grossman, P. (2023). Fundamental challenges and likely refutations of the five basic premises of the polyvagal theory. *Biological Psychology*, 180, 108589. https://doi.org/10.1016/j.biopsycho.2023.108589

179 Neuhuber, W. L., & Berthoud, H.-R. (2022). Functional anatomy of the vagus system: How does the polyvagal theory comply? *Biological Psychology*, 174, 108425. https://doi.org/10.1016/j.biopsycho.2022.108425

180 Strain, M. M., Conley, N. J., Kauffman, L. S., Espinoza, L., Fedorchak, S., Martinez, P. C., Crook, M. E., Jalil, M., Hodes, G. E., Abbott, S. B. G., Güler, A. D., Campbell, J. N., & Boychuk, C. R. (2024). Dorsal motor vagal neurons can elicit bradycardia and reduce anxiety-like behavior. *iScience*, 27(3), 109137. https://doi.org/10.1016/j.isci.2024.109137

spricht für komplexere vagale Schaltkreise, möglicherweise mit Beteiligung beider Vaguskerne[181].

2. Myelinisierte vagale Fasern nur bei Säugetieren?

Ein zweiter Kritikpunkt betrifft die Aussage Porges', dass die *myelinisierten ventralen vagalen Fasern* ausschließlich bei Säugetieren vorkommen. Die Existenz funktional ähnlicher Strukturen in anderen Wirbeltiergruppen wird diskutiert[182].

3. Herzratenvariabilität (HRV) als Indikator für einen „vagalen Zustand"

Drittens wird kritisiert, dass die HRV kein verlässlicher Indikator für einen ganzkörperlichen „vagalen Zustand" sei. So argumentieren Kritiker, dass HRV primär kardiale Vorgänge widerspiegle und keine direkte Aussage über vagale Aktivität in anderen Organen zulasse[183]. Porges selbst räumt ein, dass HRV nicht mit dem vagalen Tonus gleichzusetzen ist, sieht aber in ihr einen wichtigen Marker für den allgemeinen Gesundheitszustand[184]. Porges betont, dass HRV kein direktes Maß für den vagalen Tonus sei, jedoch als allgemeiner Gesundheitsindikator von Bedeutung ist. Zahlreiche Studien zeigen, dass eine niedrige HRV mit Erkrankungen verschiedener Organsysteme sowie mit psychischen

---

181 Alboni, P., & Alboni, M. (2017). Typical vasovagal syncope as a „defense mechanism" for the heart by contrasting sympathetic overactivity. *Clinical Autonomic Research*, 27(4), 253–261. https://doi.org/10.1007/s10286-017-0446-2

182 Neuhuber, W. L., & Berthoud, H.-R. (2022). Functional anatomy of the vagus system: How does the polyvagal theory comply? *Biological Psychology*, 174, 108425. https://doi.org/10.1016/j.biopsycho.2022.108425

183 Grossman, P. (2023). Fundamental challenges and likely refutations of the five basic premises of the polyvagal theory. *Biological Psychology*, 180, 108589. https://doi.org/10.1016/j.biopsycho.2023.108589

184 Porges, S. W. (2023). The vagal paradox: A polyvagal solution. *Comprehensive Psychoneuroendocrinology*, 16, 100200. https://doi.org/10.1016/j.cpnec.2023.100200

Störungen korreliert (Parkinson[185], Epilepsie[186], Depression & Angststörungen[187], Schizophrenie und PTBS[188])

Die Kritik an der Polyvagal-Theorie konzentriert sich vor allem auf ihre neurowissenschaftlichen Grundlagen, obwohl Porges selbst betont, dass die zentrale Botschaft seiner Arbeit die Bedeutung von Sicherheit für das emotionale und körperliche Wohlbefinden sei[189]. Er beschreibt, dass ein Gefühl von Sicherheit homöostatische Prozesse wie Gesundheit, Regeneration und soziale Offenheit fördert. Porges möchte mit seiner Theorie die physiologische Bedeutung von Beziehung und Sicherheit erklären und zeigen, wie Sicherheit über körperliche und soziale Signale vermittelt wird[190] Kritiker bemängeln jedoch, dass der ventral-vagale Komplex Funktionen umfasse, die nicht ausschließlich vom Vagusnerv ausgeführt werden (Neuhuber & Berthoud, 2022). Porges verwendet den Begriff jedoch als Synonym für ein System sozialer Verbundenheit, das mehrere Hirnnerven einschließt.

---

185 Li, Y., Wang, J., Li, X., Jing, W., Omorodion, I., & Liu, L. (2021). Association Between Heart Rate Variability and Parkinson's Disease: A Meta-analysis. *Current Pharmaceutical Design*, 27(17), 2056–2067.

186 Lotufo, P. A., Valiengo, L., Benseñor, I. M., & Brunoni, A. R. (2012). A systematic review and meta analysis of heart rate variability in epilepsy and antiepileptic drugs. *Epilepsia*, 53(2), 272–282.

187 Visted, E., Sørensen, L., Osnes, B., Svendsen, J. L., Binder, P.-E., & Schanche, E. (2017). The Association between Self-Reported Difficulties in Emotion Regulation and Heart Rate Variability: The Salient Role of Not Accepting Negative Emotions. *Frontiers in Psychology*, 8. https://doi.org/10.3389/fpsyg.2017.00328

188 Ding, J., Wu, Y., Wang, B., & Sun, Z. (2024). The relationship between depression severity and heart rate variability in children and adolescents: A meta-analysis. *Journal of Psychosomatic Research*, 182, 111804. https://doi.org/10.1016/j.jpsychores.2024.111804

189 Porges, S. W. (2022). Polyvagal Theory: A Science of Safety. *Frontiers in Integrative Neuroscience*, 16, 871227. https://doi.org/10.3389/fnint.2022.871227

190 Porges, S. W. (1995). Orienting in a defensive world: Mammalian modifications of our evolutionary heritage. A Polyvagal Theory. *Psychophysiology*, 32(4), 301–318. https://doi.org/10.1111/j.1469-8986.1995.tb01213.x

Die Annahme vieler Kritiker, dass das periaquäduktale Grau (PAG), aktiviert durch die Amygdala, über den Vagusnerv das Freezing-Muster steuert, entspricht dem aktuellen Stand der neurowissenschaftlichen Standardliteratur. Auch Porges beschreibt in seinen eigenen Veröffentlichungen diesen Pfad als möglichen neurophysiologischen Mechanismus für Bradykardie und Immobilisierung bei existenzieller Bedrohung.

Damit zeigt sich, dass zwischen Porges' Theorie und der etablierten neurowissenschaftlichen Literatur in diesem Punkt mehr Übereinstimmung als Widerspruch besteht.

9. Hund: Trauma-Typen

Wenn man von Trauma bei Hunden spricht, unterscheiden Fachleute aus Verhaltensforschung und Tiermedizin meist zwischen physischem Trauma (körperliche Verletzungen) und psychischem Trauma (seelische Belastungen durch schädliche Erfahrungen). Diese lassen sich noch feiner gliedern, weil sie unterschiedliche Ursachen und Folgen haben.

Klassifikation der verschiedenen Trauma-Typen bei Hunden

1. Akutes physisches Trauma

Hierunter fallen **plötzliche, massive** Einwirkungen auf den Körper: Verkehrsunfälle, Stürze, Beißverletzungen, Quetschungen.

Diese führen zu **Gewebeverletzungen** und Schmerz, oft mit Schockreaktionen[191].

2. Chronisches physisches Trauma

Dazu zählen wiederholte oder lang andauernde Einwirkungen: ständiges grobes Anpacken, Misshandlungen, dauerhafte Schmerzen durch unbehandelte Krankheiten.

3. Psychisches Trauma durch Misshandlung

Unter diesem Typ versteht man belastende Erfahrungen, die das Tier nachhaltig verunsichern: anhaltendes Anschreien, ständiges Drohen, Misshandlungen ohne sichtbare Verletzung.

---

191 Vnuk et al. (2019): „Dog trauma – types and frequency", *Veterinary and Comparative Orthopaedics and Traumatology*, 32(4): 320 – 327

4. Psychisches Trauma durch Vernachlässigung

Nicht nur Gewalt, sondern auch Mangel an Zuwendung und Versorgung kann traumatisieren: Isolation in reizarmen Zwingern, fehlende Sozialkontakte, Unterversorgung.

Posttraumatische Belastungsstörungen treten nach Extremereignissen wie Naturkatastrophen, Kriegen oder massiver Gewalt auf. Folgen sind Übererregbarkeit, Flashback-ähnlichen Reaktionen und Vermeidungsverhalten[192]. Studien betonen, dass Traumafolgen bei Hunden häufig multimodal sind, d. h. physische und psychische Aspekte sich überlagern[193]. Die Klassifikation in physische, psychische und entwicklungsbedingte Traumata hat sich in der verhaltensmedizinischen Forschung etabliert und bildet die Grundlage für eine gezielte Therapieplanung.

---

192 Siniscalchi et al. (2013): „Post traumatic stress disorder like symptoms in dogs: A case report", *Veterinary Record*, 172(20): 537.

193 Kass, P. H., Spangler, D., & Hendricks, J. C. (2016). Animal trauma triage in small animals: Predicting death and the need for surgery. *Journal of the American Veterinary Medical Association*, 248(4), 392 – 398. https://doi.org/10.2460/javma.248.4.392

Trauma-Typ	Beschreibung	Mögliche Auslöser	Typische Folgen
Akutes Trauma	Einzelnes, stark belastendes Ereignis	Unfall, Beißattacke, plötzliche Trennung, Tierarzttrauma	Schreckhaftigkeit, Meideverhalten, Hypervigilanz
Chronisches Trauma	Wiederholte oder anhaltende Belastungen über längere Zeit	Misshandlung, Vernachlässigung, Reizüberflutung, ständiger Lärm	Generalisierte Angst, Misstrauen, soziale Rückzugsreaktionen
Entwicklungstrauma (früh)	Traumatische Erfahrungen in sensiblen Phasen der Welpenentwicklung	Trennung vor der 12. Woche, Isolation, fehlende Prägung auf Menschen oder Umwelt	Bindungsstörungen, Lernblockaden, gestörte Sozialkompetenz
Bindungstrauma	Verlust oder unsichere Beziehung zur Bezugsperson	Wiederholte Halterwechsel, emotionale Vernachlässigung, inkonsistente Fürsorge	Unsicherer Bindungsstil, übermäßige Abhängigkeit oder extremes Meideverhalten
Situatives Trauma	Belastung durch spezifische Situationen	Zwingerhaltung, Tierheimstress, Geräuschphobie (Feuerwerk, Gewitter)	Panikattacken, stereotypes Verhalten, Fluchtverhalten in bestimmten Kontexten

Fortsetzung nächste Seite

Trauma-Typ	Beschreibung	Mögliche Auslöser	Typische Folgen
Soziales Trauma	Traumatisierung durch Artgenossen oder Menschen	Beißattacken, Mobbing im Rudel, Missbrauch durch Menschen	Aggressionsverhalten, Unsicherheit gegenüber Artgenossen oder bestimmten Menschentypen
Sekundäres/Beobachtungstrauma	Stress durch das Beobachten traumatischer Ereignisse ohne direkt betroffen zu sein	Beobachtung von Gewalt gegen Artgenossen, laute Konflikte, Gewalt im Umfeld	Ängstlichkeit, somatische Symptome, erhöhte Schreckhaftigkeit

Die Übergänge zwischen den Trauma-Typen sind fließend – ein Hund kann auch mehrere Traumata gleichzeitig erlebt haben. Die Folgen hängen stark vom Alter beim Erleben, der Dauer, dem Schutzfaktor Bindung sowie der Resilienz des Hundes ab[194,195].

194 Alupo, C. (2017). *Canine PTSD* (Doctoral dissertation, SLU Skara).
195 Masson, S. (2025). Dissociative Syndrome in a Mixed-Breed Dog: Differential Diagnosis and Successful Therapeutic Management. *Animal Behaviour and Welfare Cases*, (2025), abwcases20250008.

Erkennen und Einordnen der Symptome, Charakteristika und typische Verhaltensmuster

Traumatisierte Hunde zeigen je nach Traumatyp unterschiedliche Symptome und Verhaltensmuster, die sich in drei Hauptkategorien gliedern lassen: physische, psychische und entwicklungsbedingte Traumata.

Physische Traumata äußern sich häufig durch akute Schmerzen, Schonhaltungen, Hypervigilanz oder Aggression bei Berührung. Solche Symptome werden oft in klinischen Settings beobachtet. Weitere Folgen sind Bindungsstörungen, Deprivation, stereotypes Verhalten[196] sowie chronische Schmerzen, Angstverhalten und Stereotypien[197,198].

Psychische Traumata sind gekennzeichnet durch generalisierte Angst, übermäßiges Meideverhalten, gesteigerte Schreckhaftigkeit und stereotypes Verhalten. Diese treten typischerweise nach Misshandlungen oder langfristiger Isolation auf. Hier verorten wir auch die erlernte Hilflosigkeit[199].

Entwicklungsbedingte Traumata entstehen häufig in sensiblen Phasen der Sozialisation. Betroffene Hunde zeigen später Defizite im Sozialverhalten, anhaltende Unsicherheit gegenüber Artgenossen oder Menschen und verzögerte Stressregulation[200].

Die Einordnung erfolgt auf Grundlage der Anamnese, des beobachteten Verhaltens und standardisierter Verhaltensassessments. Eine differenzierte Diagnostik ist essenziell, da sich Symptome überschneiden können und die Therapieplanung eine genaue Kenntnis der zugrunde liegenden Traumatypen erfordert.

---

196 Tiira & Lohi (2015): „Early life experiences and exercise associate with canine anxieties", *PLOS ONE*, 10(11): e0141907.

197 Mellor et al. (2009): *The Sciences of Animal Welfare*, S. 102 ff.

198 Foltin S. (2023) *Black Dog*. Kynos.

199 Beerda et al. (1998): „Chronic stress in dogs …", *Physiology & Behavior*, 66(2): 233 – 242.

200 Appleby, D. L., Bradshaw, J. W. S., & Casey, R. A. (2002). Relationship between aggressive and avoidance behaviour by dogs and their experience in the first six months of life. *Veterinary Record*, 150(14), 434 – 438. https://doi.org/10.1136/vr.150.14.434

10. Verhaltensmuster bei Trauma: Fight, Flight, Freeze & Fiddle

Wenn ein Organismus – Mensch oder Hund – eine bedrohliche Situation erlebt, reagiert das Nervensystem automatisch mit einem Überlebensprogramm. Diese Programme stammen aus der tiefen Schicht des autonomen Nervensystems und werden ohne bewusstes Nachdenken aktiviert. Traumatische Erlebnisse aktivieren bei Hunden überlebensrelevante Stressreaktionen. Diese lassen sich nach aktuellen verhaltensbiologischen Modellen in vier Hauptmuster gliedern:

Verhaltens-muster	Beschreibung	Typische Beobachtungen bei Hunden
Fight (Kampf)	Aktive Abwehrreaktion, ausgelöst bei wahrgenommener Bedrohung, wenn Flucht unmöglich ist.	Aggression (Knurren, Beißen), Drohverhalten, Fixieren des Gegners
Flight (Flucht)	Fluchtreaktion zur Distanzvergrößerung gegenüber einem aversiven Reiz.	Panikartiges Weglaufen, starkes Ziehen an der Leine, Verstecken
Freeze (Erstarren)	Immobilität als Schutzreaktion, wenn weder Kampf noch Flucht möglich erscheinen.	Starre Körperhaltung, eingefrorener Blick, Bewegungsverweigerung
Fiddle (Übersprunghandlung)	Beschwichtigungs- oder Übersprungshandlungen zur Stressreduktion und Deeskalation.	Exzessives Lecken, Gähnen, schnelles Wechseln von Verhalten, „fiddling" zwischen Nähe und Distanz, häufig welpenhaft.

Diese Reaktionen sind Ausdruck akuter Stressverarbeitung über das sympathische und parasympathische Nervensystem. Chronische Traumatisierung kann dazu führen, dass Hunde in bestimmten Situationen bevorzugt eines dieser Muster zeigen, auch wenn objektiv keine Gefahr besteht.

Fight (Kampf)

Das „Fight"-Muster ist die Überlebensstrategie des Kampfes. Wenn das Nervensystem die Einschätzung trifft: *Ich bin bedroht, aber ich habe genug Kraft und Handlungsspielraum, um mich aktiv zu wehren*, dann aktiviert es dieses Programm. Das sympathische Nervensystem fährt hoch: Adrenalin und Noradrenalin werden ausgeschüttet, die Muskeln spannen sich an, der Herzschlag beschleunigt, die Wahrnehmung fokussiert sich. Ziel ist, die Bedrohung zu stoppen oder zu vertreiben.

Fight ist nicht „böse" oder „aggressiv", sondern zunächst ein natürlicher Schutzmechanismus. Er zeigt: Der Organismus fühlt sich noch handlungsfähig.

Kommt es in einer frühen oder sehr intensiven Bedrohungssituation dazu, dass der Kampf nicht erfolgreich sein kann – etwa weil die Bedrohung zu groß ist oder ein Welpe schlicht zu schwach ist –, dann „friert" dieses Überlebensmuster oft im System ein. Später, in scheinbar harmlosen Situationen, kann es reaktiviert werden: Das Nervensystem erinnert sich implizit an die Bedrohung und fährt sofort in Kampfbereitschaft, auch wenn aktuell keine reale Gefahr besteht.

Ein Hund, der in seiner Welpenzeit bedrängt oder verletzt wurde und sich nicht wehren konnte, kann später bei schnellen Bewegungen oder beim Anleinen sofort in einen „Fight"-Modus wechseln: Knurren, Schnappen oder Beißen – nicht, weil er „böse" ist, sondern weil sein Nervensystem gelernt hat, dass Angriff die einzige Möglichkeit ist, Sicherheit herzustellen.

Das sogenannte Fight-Verhalten ist eine der zentralen Stressreaktionen bei Hunden und wird durch komplexe neurobiologische Mechanismen ausgelöst. Kommt ein Hund in eine Situation, die er als bedrohlich wahrnimmt, aktiviert sein Gehirn zunächst das limbische System, insbesondere die Amygdala, die für die schnelle Bewertung von Gefahrenreizen zuständig ist. Die Amygdala leitet Signale an den Hypothalamus weiter, der über die HPA-Achse Stresshormone wie Cortisol freisetzt. Gleichzeitig wird der sympathische Teil des autonomen Nervensystems angeregt, wodurch über den Hirnstamm – insbesondere Strukturen wie die periaquäduktale graue Substanz – die Ausschüttung von Adrenalin und Noradrenalin aus dem Nebennierenmark erfolgt[201]. Diese hormonellen und neuronalen Prozesse führen zu einer Steigerung von Herzfrequenz, Blutdruck und Muskeltonus und versetzen den Hund in einen Zustand erhöhter Reaktionsbereitschaft.

Das Fight-Verhalten tritt besonders dann auf, wenn ein Fluchtweg fehlt oder der Hund gelernt hat, dass aktives Abwehren erfolgreich Distanz schafft. Typische Auslöser sind unerwartete Annäherung fremder Tiere oder Menschen, Bedrängung in engen Räumen oder traumatische Vorerfahrungen, die die Schwelle für aggressive Reaktionen senken. Verhaltenstypisch zeigt der Hund dabei zunächst Drohgebärden, gemäß der Eskalationsleiter, wie Knurren, Piloerektion und Fixieren des Gegners. Steigt die Erregung weiter, kann dies in ein direktes Angriffsverhalten wie Schnappen oder Beißen übergehen, was im Kontext einer traumasensiblen Stressverarbeitung als klassische Fight-Reaktion verstanden wird.

Es handelt sich also um eine Überlebensreaktion: *Dieses Nervensystem hat gelernt, aktiv für sich zu kämpfen, um zu überleben.*

In der traumasensiblen Arbeit bedeutet das:

Nicht die Reaktion selbst bestrafen oder bekämpfen, sondern

- die zugrunde liegende Not erkennen und
- neue, sichere Erfahrungen ermöglichen, bei denen das Nervensystem lernen darf: *„Ich muss nicht mehr kämpfen, ich darf mich auch beruhigen."*

---

201 Koolhaas, J. M., Bartolomucci, A., Buwalda, B., de Boer, S. F., Flügge, G., Korte, S. M., ... Fuchs, E. (2010). Stress revisited: A critical evaluation of the stress concept. *Neuroscience & Biobehavioral Reviews*, 35(5), 1291–1301. https://doi.org/10.1016/j.neubiorev.2011.02.003

Ein Hund, der im Fight-Muster reagiert, braucht keine Härte oder Bestrafung, sondern feinfühlige Begleitung. Statt Konfrontation hilft:

- Abstand zu bedrohlichen Reizen,
- langsame Gewöhnung,
- klare, ruhige Kommunikation,
- Co-Regulation durch eine sichere Bezugsperson, die Ruhe ausstrahlt.

Aggression – eine grundlegende biologische Funktion

Wenn wir von Aggression sprechen, denken viele zuerst an „schlechtes Verhalten". Doch in ihrer ursprünglichen, biologischen Bedeutung ist Aggression eine lebenswichtige Grundfunktion.

Der Begriff stammt vom lateinischen *aggredi* = „sich etwas nähern, etwas angehen". Aggression ist also ursprünglich die Energie, mit der ein Lebewesen aktiv wird, um sich durchzusetzen, sein Territorium zu schützen, Ressourcen zu sichern oder Bedrohungen abzuwehren.

Diese Mechanismen sind tief evolutionär verankert. Ohne sie hätten Hunde nicht überlebt:

- Wer keine Kraft hat, um sich gegen Angriffe zu wehren, ist schutzlos.
- Wer nie energisch Grenzen setzt, verliert Ressourcen oder wird verletzt.

Gesunde Aggression ist eine Form von Lebenskraft. Sie zeigt sich in Momenten, in denen ein Hund klar signalisiert: „Bis hierhin und nicht weiter!" Ein Hund, der knurrt, bevor jemand ihm ins Futter greift, nutzt genau diese gesunde Aggression. Sie schützt ihn und vermeidet Eskalation. Für Hundewelpen ist Aggression ein Teil der normalen Entwicklung. In einem sicheren Bindungsumfeld lernen sie, diese Energie zu steuern und sozialverträglich einzusetzen. Wird Aggression jedoch unterdrückt, bestraft oder missverstanden, kann sich das System entweder „nach innen wenden" oder „nach außen explodieren".

Destruktive Aggression entsteht, wenn:

- die Regulation fehlt (z. B. durch Trauma oder chronische Überforderung),
- Bedürfnisse über lange Zeit nicht beantwortet werden,
- die Aggressionsenergie keinen sicheren Ausdruck findet und „explodiert".

Wut ist keine Aggression: Warum Frustration ernst genommen werden muss

Wut ist eine intensive, aktivierende Emotion, die biologisch, neurologisch, sozial und evolutionär eine klare Funktion hat – und etwas anderes ist als Aggression. Während Wut ein innerer Zustand ist, der Hinweise auf eine Grenzverletzung oder ein Bedürfnis liefert, ist Aggression ein Verhalten, das aus unterschiedlichen Motiven heraus entstehen kann – auch ohne Wut. Es ist wichtig, beides zu unterscheiden, weil sie unterschiedliche Ursprünge, Ausdrucksformen und Konsequenzen haben.

Im Gegensatz zu Aggression, die sich als ein beobachtbares Verhalten äußert, stellt Wut zunächst einen inneren emotionalen Zustand dar. Dieser Zustand ist hochrelevant für die individuelle Selbstregulation und soziale Interaktion. Biologisch betrachtet ist Wut eine aktivierende Emotion, die über das limbische System, insbesondere die Amygdala, verarbeitet wird. Dort erfolgt eine schnelle emotionale Bewertung von Reizen, die als bedrohlich oder frustrierend wahrgenommen werden[202]. Die Aktivierung des Hypothalamus führt zur Ausschüttung von Stress-

202 LeDoux, J. (1996). *The Motional Brain: The Mysterious Underpinnings of Emotional Life.* Simon & Schuster.

hormonen wie Adrenalin und Noradrenalin, wodurch der Körper in einen handlungsbereiten Zustand versetzt wird[203].

Wut ist also – im gesunden Sinne – ein natürlicher Affekt, der uns anzeigt:

„Hier stimmt etwas nicht. Hier wird eine Grenze überschritten. Hier brauche ich Schutz oder Veränderung." Sie gehört zum emotionalen Grundrepertoire und ist biologisch im limbischen System verankert. Wut entsteht dann, wenn das System erkennt, dass wir bedroht oder verletzt werden oder dass etwas unseren Bedürfnissen massiv widerspricht.

Neurologisch ist Wut nicht nur auf das limbische System beschränkt. Der präfrontale Kortex spielt eine entscheidende Rolle bei der Impulskontrolle und sozialen Bewertung. Er hilft dabei, Wut zu regulieren und zwischen reaktiver und reflektierter Handlung zu unterscheiden[204]. Gleichzeitig sind die Insula und der anteriore cinguläre Kortex (ACC) beteiligt, die mit innerem Unbehagen und moralischer Bewertung verbunden sind – das bedeutet: Wut ist nicht nur eine emotionale Reaktion, sondern auch ein soziales und moralisches Signal.

Aus evolutionärer Perspektive erfüllt Wut eine überlebenswichtige Funktion. Sie dient dem Selbstschutz, der Grenzsetzung und dem Aufrechterhalten sozialer Fairness. In sozialen Gruppen sorgt Wut dafür, dass Ungleichgewichte nicht dauerhaft hingenommen werden. Sie signalisiert: „Hier wurde eine Grenze verletzt, und das muss sich ändern" [205]. Diese Form der Wut ist nicht destruktiv, sondern regulierend. Sie mobilisiert Energie, fokussiert die Aufmerksamkeit und motiviert zur Veränderung – sei es durch Rückzug oder aktive Konfrontation.

In sozialen Kontexten wird Wut jedoch oft ambivalent erlebt. Wut ist kulturell stark geprägt und häufig tabuisiert – insbesondere wenn sie bei Hunden auftritt. Dabei zeigt sich, dass die soziale Unterdrückung

---

203 Panksepp, J. (1998). *Affective neuroscience: The Foundations of Human and Animal Emotions.* Oxford University Press.

204 Davidson, R. J., Putnam, K. M., & Larson, C. L. (2000). Dysfunction in the neural circuitry of emotion regulation—a possible prelude to violence. *Science*, 289(5479), 591 – 594

205 Sell, A., Tooby, J., & Cosmides, L. (2009). Formidability and the logic of human anger. *Proceedings of the National Academy of Sciences*, 106(35), 15073 – 15078.

von Wut langfristig negative Folgen haben kann: Chronische Wutunterdrückung wird mit erhöhter Anfälligkeit für Depressionen, psychosomatische Beschwerden und Kommunikationsprobleme in Verbindung gebracht[206]. Wut, die keinen Ausdruck findet, kann sich in passive Aggressivität, Vermeidung, aber auch in internalisierten Stress verwandeln.

Wut ist kein pathologisches Phänomen, sondern eine normale Emotion, die eine wichtige Signal- und Schutzfunktion hat. Wenn diese Emotion in hoch belasteten Kontexten auftritt, kann sie in aggressives Verhalten münden. Aggression ist ein beobachtbares Verhalten, das aus dieser Emotion entstehen *kann*, aber nicht muss. Kognitionen (z. B. Interpretationen von Situationen) wirken stark darauf ein, ob aus Wut tatsächlich Aggression wird[207].

Entscheidend ist die Unterscheidung zwischen Wut und Aggression. Während Wut eine Emotion ist, ist Aggression ein Verhalten – das auch ohne Wut auftreten kann. Aggression kann aus ganz anderen Motiven entstehen: Angst, Machtdemonstration, Territorialverhalten oder Frustration[208]. Wut hingegen kann kontrolliert, reflektiert und transformiert werden – in Kommunikation, Selbstschutz oder Veränderung. Wut muss also nicht automatisch zu Aggression führen. Vielmehr kann sie, richtig verstanden und reguliert, eine Kraftquelle sein – etwa für Selbstwirksamkeit, Selbstbehauptung oder klare Beziehungsgrenzen[209].

Neurologische Hintergründe

- **Wut:** Aktiviert ebenfalls das sympathische Nervensystem, bleibt aber in einem regulierbaren Fenster (dem sogenannten „Window of Tolerance", vgl. Siegel, 1999).
- **Aggression:** Entsteht, wenn dieses Stressfenster überschritten wird und das Nervensystem in einen Überlebensmodus (Fight) kippt.

---

206 Kassinove, H., & Tafrate, R. C. (2002). *Anger management: The Complete Treatment Guidebook for Practitioners.* Impact Publishers.

207 Lochman, J. E., Boxmeyer, C. L., Powell, N. P., Siddiqui, S., Stromeyer, S. L., & Sallee, M. (2024). Anger and aggression. *In Cognitive-Behavioral Interventions in Educational Settings* (pp. 272 – 296). Routledge.

208 Anderson, C. A., & Bushman, B. J. (2002). Human aggression. *Annual Review of Psychology*, 53(1), 27 – 51

209 Hargrave, T. D. (2019). *Restoring Sanity: A Workbook for Healing and Transformation.* Routledge

Dann übernehmen ältere Gehirnareale (Amygdala, Hirnstamm) und verhindern, dass wir reflektiert handeln können.

Die Fähigkeit, aufkommende Wut wahrzunehmen, zu benennen und zu modulieren, ist zentral, um aggressives Verhalten zu verhindern. Hunde lernen diese Fähigkeit nicht von allein, sondern brauchen Bezugspersonen, die co-regulierend wirken, Sicherheit geben und konstruktive Strategien vorleben.

Aggression als erlernte Strategie

In Umgebungen, in denen aggressive Durchsetzung scheinbar Vorteile bringt (z. B. in chaotischen, unsicheren Kontexten), wird diese häufiger eingesetzt. Das Nervensystem lernt, dass Angriff eine schnelle Lösung sein kann. Dieses Muster stabilisiert sich, wenn es nicht durch neue Erfahrungen ersetzt wird.

Ein Hund erlebt Momente von Wut durch Frustration oder Überforderung. Ob diese in Aggression umschlägt, hängt davon ab, ob er:

- seine Emotionen regulieren kann,
- in einer sicheren Beziehung steht,
- lernt, dass es andere, sicherere Strategien gibt.

Das bedeutet, nicht die Emotion ist „schlecht", sondern der Mangel an sicherem Rahmen und Regulation.

Aggression als Ausdruck von Not und Überforderung

Aggression ist nicht einfach nur „verstärkte Wut". Aggression entsteht häufig dann, wenn ein Lebewesen keinen sicheren Rahmen hat, um seine Wut reguliert auszudrücken, oder wenn alte, traumatische Erfahrungen aktiviert werden.

Aggression ist oft das sichtbare Ergebnis von:

- anhaltender Überforderung,
- fehlender Bindungssicherheit,
- abgespeicherten Überlebensmustern (z. B. Fight-Reaktionen).

Aggression sollte niemals einfach „abtrainiert" oder bestraft werden. Stattdessen müssen wir die zugrunde liegenden Bedürfnisse herausfinden.

Begriff	Wut (Ärger/Frustration)	Aggression
Definition	Ein emotionaler Zustand, meist als Reaktion auf Frustration oder wahrgenommene Ungerechtigkeit.	Ein Verhaltensmuster mit dem Ziel, einen anderen zu bedrohen oder zu kontrollieren um z,b, Distanz zu schaffen.
Biologische Basis	Aktivierung des sympathischen Nervensystems, Ausschüttung von Stresshormonen (z. B. Adrenalin, Cortisol).	Kann durch Wut ausgelöst sein, aber auch durch Angst, Schmerz, Territorialität, Schutzverhalten etc.
Auslöser	Frustration, Einschränkung von Bedürfnissen (z. B. Bewegung, Futter, Aufmerksamkeit), wiederholtes Scheitern.	Bedrohung, Schmerz, Revierverletzung, Ressourcenverteidigung, Angst, Stress
Zielrichtung	Nicht zwangsläufig auf ein Objekt oder Individuum gerichtet. Kann diffus bleiben.	Zielgerichtet (Hund, Mensch, Objekt).
Verhalten	Körperspannung, Fixieren, Knurren, Winseln, Unruhe, Frustbellen.	Zähne zeigen, Knurren, Abschnappen, Beißen, Fixieren mit direktem Ziel.

Fortsetzung nächste Seite

Begriff	Wut (Ärger/Frustration)	Aggression
Funktion	Ausdruck von innerem Stress; Versuch, Kontrolle über eine Situation zurückzugewinnen.	Schutz, Verteidigung, Ressourcenkontrolle
Dauer	Kurzfristig, kann sich aber bei chronischer Frustration verstärken.	Kann einmalig oder dauerhaft auftreten (z. B. als erlerntes Verhalten oder aufgrund von Trauma).

Flight (Flucht)

Flight bedeutet: Das Nervensystem schätzt die Situation so ein, dass Weglaufen oder Ausweichen die beste Chance bietet, um in Sicherheit zu gelangen. In einer Situation, in der Flucht unmöglich ist oder nicht zum Erfolg führt – etwa weil man eingesperrt ist, körperlich zu klein oder zu schwach ist oder die Bedrohung immer wiederkehrt –, bleibt die starke Fluchtenergie im Nervensystem „stecken". Das Gehirn speichert: *„Es ist gefährlich – renn weg!"*, auch wenn die reale Bedrohung längst vorbei ist.

Wird diese gespeicherte Energie später durch einen Auslöser (Trigger) reaktiviert, reagiert das System mit Fluchtimpulsen, selbst in harmlosen Situationen.

Das Flight-Verhalten stellt eine zentrale Überlebensstrategie im Rahmen der Stressreaktionen von Hunden dar. Es wird aktiviert, wenn der Hund eine Bedrohung wahrnimmt, die er durch Distanzvergrößerung vermeiden kann. Die neurobiologischen Prozesse ähneln denen der Fight-Reaktion, jedoch wird die motorische Aktivität in Richtung Flucht kanalisiert. Ausgangspunkt ist die Aktivierung der Amygdala im limbischen System, die Bedrohungsreize schnell bewertet und Signale an den Hypothalamus weiterleitet.

Verhaltensbezogen äußert sich die Flight-Reaktion bei Hunden durch plötzliche Fluchtbewegungen, panisches Weglaufen, starkes Ziehen an der Leine oder das Aufsuchen von Verstecken. Häufig tritt sie in Situationen auf, in denen der Hund eine Überforderung wahrnimmt, etwa bei lauten Geräuschen, ungewohnten Umgebungen oder nach vorangegangenen traumatischen Erfahrungen, die seine Reizschwelle senken. Anders als bei der Fight-Reaktion liegt der Fokus hier nicht auf aktiver Abwehr, sondern auf der Vermeidung des bedrohlichen Reizes, was langfristig zu erlerntem Angstverhalten und einer Sensibilisierung des Stresssystems führen kann.

Freeze (Erstarren)

Die Freeze-Reaktion stellt eine weitere grundlegende Überlebensstrategie im Rahmen der Stressantwort dar und tritt häufig auf, wenn für den Hund weder Flucht noch Kampf eine realistische Option ist. Neurobiologisch beginnt der Prozess ebenso wie bei Fight und Flight mit der schnellen Bedrohungsbewertung durch die Amygdala im limbischen System. Die Amygdala aktiviert den Hypothalamus, wodurch über die HPA-Achse Cortisol freigesetzt wird und parallel der sympathische Nervenzweig stimuliert wird. Allerdings erfolgt in der Freeze-Reaktion eine gleichzeitige Aktivierung parasympathischer Strukturen, die über den dorsalen Vaguskomplex eine motorische Hemmung auslösen[210]. Diese Koaktivierung führt zu einem Zustand hoher innerer Erregung bei äußerlicher Immobilität.

Verhaltensbezogen zeigt sich Freeze bei Hunden in plötzlichem Erstarren, regungsloser Körperhaltung und in manchen Fällen in der Unfähigkeit, auf Umweltreize zu reagieren. Diese Reaktion wird besonders bei Hunden beobachtet, die sich in akuten Bedrohungssituationen befinden, etwa wenn sie in eine Ecke gedrängt werden oder in einem traumatisch belastenden Kontext keinerlei Handlungsmöglichkeiten wahrnehmen. Obwohl die äußere Starre wie „Ruhe" wirken kann, handelt es sich physiologisch um eine massive Stressreaktion, die den Organismus

210 Porges, S. W. (2009). The polyvagal theory: New insights into adaptive reactions of the autonomic nervous system. *Cleveland Clinic Journal of Medicine*, 76(Suppl 2), S86 – S90. https://doi.org/10.3949/ccjm.76.s2.17

belastet und bei wiederholtem Auftreten langfristige Auswirkungen auf das emotionale und körperliche Wohlbefinden des Hundes hat.

Fiddle (Ablenkungsverhalten und Flucht in „Unsinn“)

Die Fiddle-Reaktion – manchmal auch als Fawn-Reaktion bezeichnet – gehört wie Fight, Flight und Freeze zu den adaptiven Stressmustern, die domestizierte Hunde in bedrohlichen oder traumatisch besetzten Situationen zeigen können, ist aber anders als diese kein Überlebensmuster. Anders als bei Kampf, Flucht oder Erstarren versucht der Hund hierbei, den wahrgenommenen Stressor aktiv zu besänftigen oder zu deeskalieren. Neurobiologisch beginnt auch hier die Verarbeitung mit der Amygdala, die Bedrohungsreize schnell erkennt und den Hypothalamus aktiviert. Gleichzeitig erfolgt jedoch eine starke Aktivierung sozialer und affiliativer Verhaltensnetzwerke, insbesondere über frontale Kortexregionen und das oxytocinerge System, die Verhalten wie Beschwichtigungs- und Übersprunghandlungen begünstigen[211].

Diese scheinbar „überfreundlichen" oft welpenhaft erscheinenden oder hypersozialen Verhaltensweisen dienen der Stressregulation und Deeskalation. Typische Beispiele sind übermäßiges Lecken an sich selbst oder anderen, ständiges Wedeln, geduckte Körperhaltung kombiniert mit Annäherungsverhalten, Anspringen, in die Leine beißen, übertriebenes Gähnen oder hektisches Wechseln zwischen Nähe und Distanz[212]. In traumatischen Kontexten kann sich diese Strategie zu einem erlernten Muster entwickeln, bei dem der Hund versucht, potenziell bedrohliche Interaktionen durch extreme Unterwürfigkeit oder Beschwichtigung zu entschärfen. Dieses Verhalten entlastet kurzfristig das Stresssystem, führt jedoch langfristig zu einer chronischen Aktivierung des autonomen Nervensystems, wenn der Hund sich dauerhaft in sozialen Konfliktsituationen befindet.

---

211 Panksepp, J. (2011). The basic emotional circuits of mammalian brains: Do animals have affective lives? *Neuroscience & Biobehavioral Reviews*, 35(9), 1791 – 1804. https://doi.org/10.1016/j.neubiorev.2011.08.003

212 Yin, S. (2009). *Low Stress Handling, Restraint and Behavior Modification of Dogs & Cats.* CattleDog Publishing.

Erkennen dieser Muster im Alltag

Das Erkennen der Stressmuster Fight, Flight, Freeze und Fiddle / Fawn im Alltag ist entscheidend, um das Wohlbefinden unseres Hundes einzuschätzen und rechtzeitig angemessene Maßnahmen einzuleiten. Die Muster sind oft subtil und zeigen sich in einer Kombination aus Körpersprache, Mimik und situativem Verhalten.

Fight ist im Alltag meist an deutlichen Droh- und Abwehrsignalen zu erkennen. Der Hund zeigt steife Körperhaltung, Fixierblick, hochgestellte Ohren und einen gespannten Fang; häufig folgen Knurren, Zähnefletschen oder Schnappen. Diese Muster treten vor allem in Situationen auf, in denen der Hund sich bedrängt fühlt oder eine Ressource (Futter, Liegeplatz, Halter) verteidigen möchte.

Flight zeigt sich oft zunächst in subtilen Distanzvergrößerungssignalen wie Blickabwenden, geduckter Haltung oder Wegdrehen. Kommt es zur Eskalation, kann der Hund plötzlich aus der Situation fliehen oder stark an der Leine ziehen. Häufig tritt dieses Verhalten bei überfordernden Situationen auf.

Freeze erkennt man im Alltag daran, dass der Hund in einer bedrohlichen Situation plötzlich erstarrt: Körper und Gesichtszüge werden starr, die Atmung flacht ab und der Hund reagiert nicht mehr auf Ansprache oder Berührung. Dies wird oft fälschlicherweise als „Gehorsam" oder „Ruhigsein" interpretiert, obwohl der Hund sich innerlich in einem Zustand maximaler Anspannung befindet.

Fiddle / Fawn schließlich zeigt sich in übertrieben freundlichem oder beschwichtigendem Verhalten: Der Hund wedelt hektisch mit der Rute, springt auf, leckt übermäßig an Händen oder Gesicht oder führt plötzlich Übersprungshandlungen wie Kratzen, Schnüffeln oder Gähnen aus. Diese Reaktionen treten häufig auf, wenn der Hund versucht, einen wahrgenommenen Konflikt zu entschärfen, etwa bei Besuch, beim Tierarzt oder in einer unklaren sozialen Interaktion.

11. Sicherheit und Unsicherheit – die Schalter im Stresssystem des Hundes

Im Traumakontext spielt die Wahrnehmung von Sicherheit oder Unsicherheit eine zentrale Rolle für die Regulation des Stresssystems bei Hunden. Sicherheit entsteht, wenn der Hund in einer Umgebung lebt, die er als vorhersagbar, kontrollierbar und frei von unmittelbarer Bedrohung erlebt. Neurologisch bedeutet das, dass Bedrohungsreize in der Amygdala nur schwach oder gar nicht aktiviert werden, während präfrontale Kortexareale – insbesondere der orbitofrontale und mediale präfrontale Kortex – die Reizbewertung und emotionale Regulation übernehmen[213]. Das autonome Nervensystem befindet sich in einem ausgewogenen Zustand mit vorherrschender parasympathischer Aktivität über den ventralen Vagus, was physiologisch mit einem ruhigen Herzschlag, normaler Verdauung und einer niedrigen Stresshormonkonzentration einhergeht.

Unsicherheit dagegen ist für Hunde hoch relevant, da sie eine erhöhte Bedrohungssensitivität mit sich bringt. Wird ein Reiz nicht eindeutig als harmlos eingeordnet, reagiert die Amygdala schnell und intensiv. Diese Aktivierung führt über den Hypothalamus zur Stimulation der HPA-Achse: Corticotropin-Releasing-Hormon (CRH) wird ausgeschüttet, was zur Freisetzung von adrenocorticotropem Hormon (ACTH) aus der Hypophyse und in der Folge zu einer erhöhten Cortisolproduktion in der Nebennierenrinde führt[214]. Parallel wird der sympathische Nervenzweig aktiviert, wodurch Herzfrequenz, Muskeltonus und Aufmerksamkeit steigen. Bei Hunden mit traumatischer Vorerfahrung sind diese Systeme sensibilisiert: Schon geringe Reize reichen aus, um starke Stressreaktionen auszulösen, weil die neuronalen Verbindungen zwischen Amygdala, Hippo-

213 Maren, S., Phan, K. L., & Liberzon, I. (2013). The contextual brain: Implications for fear conditioning, extinction and psychopathology. *Nature Reviews Neuroscience*, 14(6), 417 – 428. https://doi.org/10.1038/nrn3492

214 McEwen, B. S., & Gianaros, P. J. (2011). Stress- and allostasis-related brain plasticity. *Annual Review of Medicine*, 62, 431 – 445. https://doi.org/10.1146/annurev-med-052209-100430

campus und präfrontalem Kortex bereits umgebaut sind. Studien zeigen, dass traumatische Erfahrungen die Fähigkeit des Hippocampus beeinträchtigen können, Kontextinformationen korrekt zu verarbeiten, sodass auch sichere Situationen als potenziell gefährlich interpretiert werden[215].

Im Alltag bedeutet das: Hunde, die wiederholt Unsicherheit und unkontrollierbare Belastungen erlebt haben, zeigen häufiger Hypervigilanz, Stressreaktionen und Schwierigkeiten, zwischen sicheren und unsicheren Reizen zu unterscheiden. Maßnahmen, die Vorhersagbarkeit und Kontrollierbarkeit erhöhen (klare Routinen, stressfreie Trainingsmethoden, sichere Rückzugsorte), können die präfrontale Hemmung der Amygdala stärken und damit die Basis für eine gesunde Stressregulation schaffen.

Sicherheit als Grundvoraussetzung für Heilung und Bindung

Für Hunde ist erlebte Sicherheit eine fundamentale Voraussetzung, damit Heilungsprozesse nach traumatischen Erfahrungen stattfinden und stabile soziale Bindungen aufgebaut oder wiederhergestellt werden können. Aus neurobiologischer Sicht ermöglicht Sicherheit, dass das Stresssystem nicht dauerhaft aktiviert bleibt, sondern in einen Zustand von Regulation und Plastizität zurückkehrt.

In einem sicheren sozialen und räumlichen Umfeld wird die Amygdala weniger stark auf Umweltreize reagieren. Dies erlaubt dem präfrontalen Kortex – insbesondere dem medialen präfrontalen Kortex – seine hemmende Funktion gegenüber Stressnetzwerken wahrzunehmen, sodass Angstreaktionen abnehmen[216]. Der Hippocampus, der für die Kontextverarbeitung und die Konsolidierung neuer, sicherer Erfahrungen zuständig ist, kann unter sicheren Bedingungen neue neuronale

215 Roozendaal, B., McEwen, B. S., & Chattarji, S. (2009). Stress, memory and the amygdala. *Nature Reviews Neuroscience*, 10(6), 423 – 433. https://doi.org/10.1038/nrn2651

216 Maren, S., Phan, K. L., & Liberzon, I. (2013). The contextual brain: Implications for fear conditioning, extinction and psychopathology. *Nature Reviews Neuroscience*, 14(6), 417 – 428. https://doi.org/10.1038/nrn3492

Verschaltungen bilden. Chronischer Stress oder dauerhafte Unsicherheit beeinträchtigen diesen Prozess, indem sie neurotoxische Cortisolspitzen und dendritische Rückbildungen verursachen[217]. Sicherheit hingegen reduziert Cortisol, ermöglicht Synapsenneubildung und damit emotionale Lernprozesse.

Bindung ist ebenfalls stark von Sicherheit abhängig. Die Bindungssysteme im Gehirn sind eng mit dem oxytocinergen System verknüpft. Oxytocin wird vermehrt ausgeschüttet, wenn der Hund in sozial unterstützenden, vorhersehbaren Interaktionen steht – etwa mit einer vertrauten Bezugsperson. Dieses Hormon wirkt anxiolytisch, also angstlösend, hemmt die Amygdala-Aktivität und verstärkt gleichzeitig affiliatives Verhalten. Nur in einem sicheren Kontext kann der Hund diese Systeme aktivieren, Vertrauen aufbauen und stabile Bindungsmuster entwickeln.

Heilung von traumatischen Erfahrungen setzt voraus, dass der Hund wiederholt sichere, kontrollierbare Situationen erlebt. Dies ermöglicht die Korrektur dysfunktionaler Stressmuster, die Integration belastender Erinnerungen und das Erlernen neuer, positiver Verhaltensstrategien.

Unterschied zwischen objektiver Sicherheit und subjektivem Sicherheitsgefühl

Objektive Sicherheit bezeichnet die tatsächlich gegebene Abwesenheit von Bedrohungen oder Gefahren in der Umwelt. Sie ist eine von außen messbare Bedingung: ein verlässlicher Rückzugsort, vorhersehbare Routinen oder der Schutz durch eine Bezugsperson.

Subjektives Sicherheitsgefühl hingegen beschreibt die individuelle Wahrnehmung und Bewertung der Umwelt durch den Hund. Diese Bewertung erfolgt nicht allein auf Basis der aktuellen Situation, sondern wird durch Erfahrungen, Gedächtnisinhalte und neurobiologische Stressmuster beeinflusst. Selbst wenn objektive Sicherheit gegeben ist, kann ein Hund sich unsicher fühlen, wenn frühere traumatische Erleb-

217 McEwen, B. S., & Gianaros, P. J. (2011). Stress- and allostasis-related brain plasticity. *Annual Review of Medicine*, 62, 431–445. https://doi.org/10.1146/annurev-med-052209-100430

nisse sein Stresssystem sensibilisiert haben. Die Amygdala spielt hier eine Schlüsselrolle, indem sie Bedrohungsreize auch dann aktiviert, wenn diese nur entfernt an frühere Gefahren erinnern[218]. Der Hippocampus, zuständig für Kontextverarbeitung, kann bei chronischem Stress beeinträchtigt sein, sodass auch sichere Reize unter Umständen nicht als ungefährlich abgespeichert werden[219].

Neurologisch zeigt sich der Unterschied darin, dass objektive Sicherheit zwar die äußeren Bedingungen beschreibt, die Aktivität des autonomen Nervensystems aber erst dann zur Ruhe kommt, wenn das subjektive Sicherheitsgefühl aufgebaut ist. Erst wenn der ventrale Vagus dominiert und die präfrontalen Kortexareale hemmend auf die Amygdala einwirken, erlebt der Hund eine tatsächliche innere Beruhigung. Daher ist in der Verhaltenstherapie entscheidend, nicht nur objektiv sichere Bedingungen zu schaffen, sondern dem Hund durch kontrollierbare Erfahrungen, positive soziale Interaktionen und Wiederholung zu helfen, subjektiv Vertrauen aufzubauen.

Depressive Verstimmungen, Einsamkeit, Angst und Panik

Hunde können nach belastenden Ereignissen, anhaltendem Stress oder Verlust einer Bezugsperson Symptome zeigen, die einer depressiven Verstimmung ähneln. Dazu gehören Antriebslosigkeit, vermindertes Spiel- und Erkundungsverhalten, Rückzug, vermehrtes Schlafen sowie reduzierte Nahrungsaufnahme. Neurologisch wird dies mit einer Dysregulation der Monoamin-Neurotransmitter (v. a. Serotonin und Dopamin) in Verbindung gebracht, ähnlich wie bei depressiven Zuständen beim Menschen. Chronische Aktivierung der HPA-Achse und erhöhte Cortisolspiegel können zudem neuroplastische Prozesse hemmen und so die Stimmungslage beeinflussen. Hunde sind hochsoziale Tiere. Längere soziale Isolation oder das Fehlen stabiler Bindungspersonen können

218 Roozendaal, B., McEwen, B. S., & Chattarji, S. (2009). Stress, memory and the amygdala. *Nature Reviews Neuroscience*, 10(6), 423 – 433. https://doi.org/10.1038/nrn2651

219 McEwen, B. S., & Gianaros, P. J. (2011). Stress- and allostasis-related brain plasticity. *Annual Review of Medicine*, 62, 431 – 445. https://doi.org/10.1146/annurev-med-052209-100430

zu Verhaltensauffälligkeiten führen. Fehlt ein sicherer sozialer Rahmen, kann sich langfristig eine depressive oder ängstliche Grundstimmung entwickeln. Panik ist eine extreme Form der Angstreaktion, gekennzeichnet durch eine plötzliche, unkontrollierbare Aktivierung des autonomen Nervensystems. Der Hund zeigt hektische Fluchtversuche, stark beschleunigte Herz- und Atemfrequenz, Pupillenerweiterung und reagiert nicht mehr auf bekannte Signale. Biologisch ist dies ein Zustand maximaler Amygdala-Aktivierung mit eingeschränkter präfrontaler Kontrolle. Studien zur Geräuschphobie bei Hunden (z. B. Silvesterangst) zeigen, dass wiederholte Panikreaktionen langfristig das Stresssystem verändern und zu generalisierten Angststörungen führen können[220].

Weitere Details dazu sind in meinem Buch Black Dog – *Depressionen und andere psychische Erkrankungen beim Hund* beschrieben.

Erlernte Hilflosigkeit

Resignation und Ohnmacht treten bei traumatisierten Hunden oft als Spätfolgen wiederholter unkontrollierbarer Stressoren auf. Wenn ein Hund immer wieder erlebt, dass weder Flucht, Kampf noch andere Strategien eine bedrohliche Situation beenden, kann sich ein Zustand entwickeln, der in der Verhaltensbiologie als erlernte Hilflosigkeit beschrieben wird[221].

Betroffene Hunde zeigen eine deutliche Antriebs- und Motivationsminderung: Sie reagieren kaum auf Umweltreize, zeigen wenig Erkundungsverhalten und wirken apathisch. Auch selbstbelohnende Aktivitäten wie Spielen oder Fressen sind reduziert.

Neurologisch wird dieser Zustand mit einer chronischen Überaktivierung der HPA-Achse und einer damit einhergehenden Dysregulation von Serotonin und Dopamin in Verbindung gebracht. Die Amygdala bleibt hyperaktiv, während hemmende Strukturen wie der präfrontale Kortex ihre

220 Blackwell, E. J., Bradshaw, J. W. S., & Casey, R. A. (2013). Fear responses to noises in domestic dogs: Prevalence, risk factors and co-occurrence with other fear-related behaviour. *Applied Animal Behaviour Science*, 145(1–2), 15–25. https://doi.org/10.1016/j.applanim.2012.12.004

221 Seligman, M. E. P. (1975). *Helplessness: On Depression, Development, and Death.* Freeman.

regulierende Funktion nicht mehr effektiv wahrnehmen können. Dies führt zu einem Zustand, in dem der Hund innerlich „aufgibt", weil er gelernt hat, dass sein Verhalten keinen Einfluss auf seine Umwelt hat.

Ohnmacht zeigt sich auch darin, dass selbst in objektiv sicheren Situationen keine aktive Problemlösestrategie mehr initiiert wird. Der Hund „erträgt" Reize, statt darauf zu reagieren. Dieser Zustand wird in der Fachliteratur als besonders behandlungsbedürftig beschrieben, da er die Lern- und Bindungsfähigkeit massiv einschränkt und die Lebensqualität stark mindert.

Bereich	Typische Beobachtungen	Beschreibung
Körpersprache	Flacher Ausdruck, hängende Rute, gesenkter Kopf, langsame Bewegungen	Hund wirkt „müde" oder „gebrochen"
Reaktionsfähigkeit	Geringe oder keine Reaktion auf Ansprache, Umweltreize oder Belohnungen	Hund wirkt teilnahmslos, zeigt kaum Initiative
Aktivitätsniveau	Wenig Spiel oder Erkundungsverhalten, lange Liegephasen, eingeschränkte Mimik	Reduzierter Antrieb, kaum Interesse an Umgebung
Sozialverhalten	Rückzug von Menschen und Artgenossen, vermeidet Interaktion	Kein aktives Bindungsverhalten, teils Apathie
Emotionale Signale	Leises Winseln, seltenes Bellen, keine freudigen Gesten	Emotional „gedämpft" oder abgeschaltet
Stressphysiologie (indirekt beobachtbar)	Schlechter Appetit, gestörte Verdauung, langsame Erholung nach Stress	HPA-Achse dauerhaft belastet, Serotonin/Dopamin-Dysbalance

Seligman und Maier (1967) haben das Phänomen, dass ein Individuum die Erwartung entwickelt, eigenes Verhalten könne aversive Reize wie Stress oder Schmerz nicht verändern als erlernte Hilflosigkeit bezeichnet. Hunde, die wiederholt Stromschlägen ausgesetzt waren, denen sie nicht entkommen konnten, zeigten in späteren Situationen, in denen eine Flucht möglich gewesen wäre, kein aktives Vermeidungsverhalten mehr. Sie verharrten passiv und ertrugen den Reiz, obwohl eine Lösung verfügbar war.

Übertragen bedeutet das: Wird ein Hund wiederholt Stressoren oder Schmerz ausgesetzt, ohne eine Möglichkeit, diese zu beeinflussen oder zu vermeiden, bildet sich die Erwartung aus, dass eigene Handlungen wirkungslos sind. Betroffene Hunde zeigen eine deutliche Reduktion aktiver Strategien: Sie unterlassen Erkundungsverhalten, reagieren nicht oder nur verzögert und ziehen sich vermehrt zurück. Dieses Verhalten ist nicht Ausdruck von „Sturheit", sondern spiegelt die erlernte Erwartung wider, dass eigenes Handeln keine Veränderung bewirkt.

Diese Erwartung führt zu tiefgreifenden Veränderungen im Nervensystem. Die chronische Aktivierung der HPA-Achse und die dauerhafte Übererregung der Amygdala verändern die Art und Weise, wie Reize verarbeitet werden. Motivation und Lernfähigkeit nehmen ab, weil dopaminerge Belohnungssysteme im Striatum und präfrontalen Kortex weniger aktiv werden.

In der Praxis äußert sich das in Hunden, die trotz potenziell lösbarer Situationen keine Flucht oder Lösungsversuche mehr zeigen:

- Ein Hund, der wiederholt von Artgenossen angegriffen wurde, ohne eine Ausweichmöglichkeit, bleibt auch später in sozial schwierigen Situationen passiv.
- Ein Hund der wiederholt erfolglos versucht hat, aus einer geschlossenen Box zu entkommen bleibt später passiv liegen, selbst wenn die Tür nun geöffnet ist.
- Ein Hund, der wiederholt Schmerzen durch Zwangsmethoden im Training erlebt hat, zeigt keine Versuche mehr, die Übung zu bewältigen, sondern friert oder zeigt Resignation. Nach wiederholten Bestrafungserfahrungen wird nichts Neues mehr ausprobiert, weil er „erwartet", dass jede Handlung negative Konsequenzen haben wird.

Der Zusammenhang zwischen wiederholtem Stress, traumatischen Erfahrungen und dem beschriebenen Verhalten ist somit eng: Trauma entsteht nicht nur durch ein einzelnes extremes Ereignis, sondern oft durch die kumulative Wirkung vieler belastender Situationen ohne sichere Lösungsoption. Die neurobiologischen Veränderungen erklären, warum traumatisierte Hunde oft lange und intensive Unterstützung benötigen, um wieder Vertrauen in ihre eigene Handlungsfähigkeit und in ihre Umwelt zu entwickeln und erklärt, warum traumatisierte Hunde nicht auf herkömmliche Trainingsmethoden reagieren: Es fehlt nicht am „Wollen" oder an der Intelligenz, sondern am inneren Erleben von Selbstwirksamkeit und Kontrolle.

Therapeutisch ist es entscheidend, wieder kleine, kontrollierbare Erfolgserlebnisse zu schaffen, die dem Hund zeigen, dass sein Verhalten Wirkung hat. Dies geschieht durch kleinschrittiges immer erfolgbasiertes Training, Enrichment, sichere soziale Bindung und eine konsequent stressarme Umgebung.

Interventionsideen

Ziel	Intervention	Praktische Umsetzung
Sicherheit vermitteln	Stabile, vorhersehbare Routinen	Feste Tageszeiten für Spaziergänge und Fütterung, feste Schlafplätze, Vermeidung von Überforderung
Kontrollierbare Erfolge ermöglichen	Clickertraining, Shaping kleiner Schritte	Für jedes kleine aktive Verhalten gibt es sofort Belohnung; Verhalten hat sichtbare Wirkung. Übungen nicht immer schwieriger gestalten sondern ruhig zwischendurch ganz einfache Übungen.
Positive Bindung fördern	Ruhige, verlässliche, feinfühlige, kommunikationsgeschulte Bezugsperson	Gemeinsame entspannte Rituale (Kuscheln, Massagen, selbstbestimmte Spaziergänge)
Stressreduktion	Vermeidung von Triggern, schrittweises Desensibilisieren	Abstand zu stressreichen Reizen, Distanz, Intensität, Dauer minimieren und kleinstschrittig aufbauen, systematische Habituation mit positiven Reizen
Spiel & Freude wecken	Spielerisches Training mit hoher Belohnungsrate	Kurze hundgerechte Trainingseinheiten mit Lieblingsfutter oder Spielzeug, kein Zwang, Motivation fördern
Tierärztliche Abklärung	Ausschluss organischer Ursachen	Gesundheitscheck, Blutbild, Schmerzdiagnostik. Vorher Medical Training! Keine Retraumatisierung beim Tierarzt!
Verhaltenstherapeutische Begleitung	Unterstützung durch Fachleute	Zusammenarbeit mit verhaltenstherapeutisch ausgebildeten Trainerinnen

12. Dysbalance

Traumatische Erfahrungen stellen eine massive Überforderung für das Stress- und Verarbeitungssystem dar. Das Gehirn reagiert in solchen Situationen mit Notfallprogrammen, die evolutionär darauf ausgerichtet sind, das Überleben zu sichern. Die Amygdala fungiert als Alarmzentrale und löst blitzschnell Kampf, Flucht oder Erstarrungsreaktionen aus. Der Hippocampus ist dafür zuständig, Erlebnisse zeitlich und räumlich einzuordnen, wird aber unter massivem Stress in seiner Funktion gehemmt. Gleichzeitig schaltet sich der präfrontale Kortex – zuständig für rationales Denken und Impulskontrolle – teilweise ab, sodass überwältigende Reaktionen ungebremst auftreten können. Diese biologischen Schutzreaktionen sind kurzfristig sinnvoll, doch bei vielen Betroffenen bleibt das System langfristig in einem Ungleichgewicht, einer sogenannten Dysbalance, gefangen.

Das autonome Nervensystem verliert seine flexible Regulation zwischen Sympathikus (Aktivierung) und Parasympathikus (Beruhigung). Manche Hunde verharren in einer dauerhaften Alarmbereitschaft (Hyperarousal), während andere in Zustände von Erstarrung und emotionaler Taubheit fallen (Hypoarousal, Dissoziation).

13. Traumaintegration

Traumaintegration beschreibt den Prozess, bei dem die fragmentierten und oft überwältigenden Erinnerungen an ein traumatisches Erlebnis so verarbeitet werden, dass sie in die Lebensgeschichte und das Selbstbild integriert werden können. Nach einem Trauma liegen die Erinnerungen häufig nicht als zusammenhängende Bilder oder Eindrücke vor, sondern sind in Form von Sinnesfetzen, Körperempfindungen oder emotionalen Zuständen abgespeichert, die jederzeit durch Trigger reaktiviert werden können. Dies ist das Ergebnis einer gestörten Zusammenarbeit zwischen Hippocampus, Amygdala und präfrontalem Kortex während der traumatischen Erfahrung.

Integration bedeutet, diese isolierten Fragmente allmählich in ein kohärentes Bild zu überführen. Neurologisch gesehen fördert dies die Wiederherstellung der Balance im autonomen Nervensystem und eine erneute Aktivierung des präfrontalen Kortex, wodurch die bedrohliche Qualität der Erinnerungen nachlässt[222]. Biologisch ist dieser Prozess eng mit Neuroplastizität verbunden: Neue neuronale Verknüpfungen entstehen, wenn alte Reaktionsmuster durch sichere Beziehungserfahrungen, gezielte Interventionen und korrigierende emotionale Erfahrungen überschrieben werden[223]. Traumaintegration beim Hund bedeutet also, ihm durch Sicherheit und positive Erfahrungen zu helfen, traumatisch gelernte Reaktionsmuster zu überschreiben und neue, funktionale Verknüpfungen im Gehirn aufzubauen.

Ein zentrales verhaltenstherapeutisches Konzept ist die Stärkung der Selbstwirksamkeit bei dem unserem Hund durch kleine, selbstbestimmte Schritte Vertrauen und Kontrolle zurückgegeben wird. Dabei steht im Vordergrund, dass der Hund aktiv eigene Entscheidungen treffen darf und so erlebt, dass sein Handeln wirksam ist.

222 Siegel, D. J. (2020). The developing mind: *How Relationships and the Brain Interact to Shape Who We Are* (3rd ed.). Guilford Press.

223 Schauer, M., Neuner, F., & Elbert, T. (2017). *Narrative Exposure Therapy: A Short-Term Treatment for Traumatic Stress Disorders* (2nd ed.). Hogrefe.

Ein erster Schritt besteht darin, Neugierde zu fördern: Der Hund wird in einem sicheren Rahmen ermutigt, sich freiwillig auf neue Situationen oder Reize einzulassen. Gelingt dies, erlebt er Erfolg, was das Vertrauen in die eigene Handlungskompetenz stärkt. Im weiteren Verlauf gilt es, Verhaltensvielfalt zu unterstützen. Zeigt der Hund alternative oder neue Reaktionen – etwa anstatt Flucht nun vorsichtige Annäherung –, wird dies als Zeichen wachsender innerer Sicherheit anerkannt und positiv verstärkt.

Besonders wichtig ist darüber hinaus die Fähigkeit zur Selbstregulation. Das bedeutet, dass der Hund lernt, nach einer Stressreaktion wieder in einen ausgeglichenen Zustand zurückzufinden. Damit dies gelingen kann, braucht es einen sicheren Rahmen ohne Zwang, in dem der Hund das Tempo bestimmt und die Bezugsperson als verlässliche, beruhigende Instanz erlebt. So wird die Selbstwirksamkeit zum Schlüssel für die Traumaintegration beim Hund. Zudem können körperorientierte Ansätze integriert werden, beispielsweise Elemente aus der Tellington-TTouch®-Methode oder sanfte Massagen, die parasympathische Aktivität fördern und das Nervensystem beruhigen.

14. Resilienz

Resilienz wird in der Humanpsychologie als die Fähigkeit beschrieben, sich trotz widriger Umstände gesund zu entwickeln und psychische Stabilität zu bewahren. Übertragen auf Hunde bedeutet Resilienz die Fähigkeit, Stressoren zu bewältigen und sich nach belastenden Ereignissen funktional zu erholen, ohne langfristige Verhaltensstörungen oder chronische Stressfolgen zu entwickeln[224].

Resilienz bezeichnet somit die innere Widerstandskraft, die Fähigkeit, Krisen und belastende Situationen nicht nur zu überstehen, sondern sich danach wieder zu stabilisieren und sogar daran zu wachsen.

Die sieben Säulen der Resilienz

In der Resilienzforschung gibt es die sogenannten „sieben Säulen der Resilienz", die auch beim Hund wirksam sind, um über Bindung, Sicherheit und Erfahrungen ihre „psychische Immunität" aufzubauen und zu erhalten:

1. **Optimismus** – *Die innere Haltung, dass Situationen sich verbessern können.*

Bei Hunden zeigt sich das, wenn sie erleben: *„Nach Stress passiert mir nichts Schlimmes mehr, es wird wieder gut."* Durch sanfte, positive Erfahrungen entsteht langsam wieder Vertrauen. Studien belegen, dass wir Optimismus beim Hund fördern können[225,226]. Zum Beispiel durch Geruchsarbeit[227].

224 Fink, C. (2017). Resilienzförderung durch tiergestützte Interventionen. *Praxis der Kinderpsychologie und Kinderpsychiatrie*, 66(2), 91–105.

225 Starling, M. J., Branson, N., Cody, D., Starling, T. R., & McGreevy, P. D. (2014). Canine sense and sensibility: Tipping points and response latency variability as an optimism index in a canine judgement bias assessment. *PLoS One*, 9(9), e107794;

226 Burman, O. (2014). Do dogs show an optimistic or pessimistic attitude to life?: A review of studies using the 'cognitive bias' paradigm to assess dog welfare. *The Social Dog*, 347–372.

227 Duranton, C., & Horowitz, A. (2019). Let me sniff! Nosework induces positive judgment bias in pet dogs. *Applied Animal Behaviour Science*, 211, 61–66.

2. **Akzeptanz** – *Die Fähigkeit, das, was war, anzunehmen, ohne sich ständig dagegen zu wehren.*

Hunde können die Vergangenheit nicht kognitiv „akzeptieren", sie leben im Hier-und-Jetzt. Sie erinnern sich nicht wie Menschen in semantischer Weise an die Vergangenheit, aber sie bilden Erwartungen basierend auf bisherigen Erfahrungen. Wiederholte sichere/positive Erfahrungen führen dazu, dass ein Hund zuverlässig lernt: „Das Alte ist vorbei" bzw. dass frühere Stresssituationen nicht mehr akut gefährlich sind. Dieses Lernen zeigt sich in verhaltensbezogenen Mustern. Sie haben ein geringeres Stressreaktionsniveau und kehren schneller zu Normalität zurück. Resilienz bedeutet hier, Stresssituationen besser zu tolerieren, sich schneller zu erholen und nicht in wiederkehrende Angstspiralen zu geraten. Durch Akzeptanz-Training lernt der Hund, dass Notwendiges vorübergeht, was langfristig Zuversicht und Stabilität steigert. Wichtige Verhaltenskomponenten sind eine gute Problemlösefähigkeit und emotionale Regulation, Sicherheit in der Gegenwart und vor allem Vertrauen in den eigenen Menschen.

3. **Lösungsorientierung** – *Den Blick auf das, was hilft, statt auf das Problem.*

Für Hunde bedeutet das: Wir Menschen führen sie an kleine, lösbare Aufgaben. Statt sie in einer angstauslösenden Situation zu überfordern, bieten wir ihnen klare Alternativen und sichere Auswege. Neues ist bewältigbar. Das bedeutet für uns einen ressourcenorientierten Blick zu entwickeln und zu identifizieren, was unser Hund gut kann (Anwesenheit, Kontaktaufnahme, schnelle Erholung nach kleinen Stressoren) und darauf aufzubauen. Problemrahmen statt Problemfokus: Statt „Das ist schlimm" sollten wir uns lieber fragen „Was kann unser Hund jetzt benötigen, um sich sicherer zu fühlen?" und darauf passende Schritte planen. In Mikro-Schritten (Chunking) arbeiten: Große Ziele in kleine, schaffbare Etappen für den Hund unterteilen. Zudem sollten wir immer positive Erwartungen in unserem Hund wecken, das bedeutet Vorkehrungen zu treffen, die eine sichere Erwartung erzeugen, also Routinen, vorhersehbare Abläufe und hundgerechte Belohnungen. Das Ziel sollte immer sein mehr und alternative Coping-Strategien zu gestalten, um das Sicherheitsverhalten zu fördern, beispielsweise dadurch, dass wir neutrale oder positive Gegenstands-/Umgebungseinflüsse als Anker für den Hund nutzen (Hundegeschirr, Lieblingsdecke, Lieblingsspielzeug).

4. Verlassen der Opferrolle – *Sich nicht mehr als ausgeliefert erleben.*

Hunde zeigen Resilienz, wenn sie wieder Handlungsspielräume erfahren: Sie dürfen entscheiden, wann sie sich zurückziehen, wann sie Nähe suchen, wann sie Neues ausprobieren. Resilienz entsteht, wenn Hunde Kontrolle und Vorhersagbarkeit über ihr Verhalten behalten. Entscheidungsspielräume fördern Selbstwirksamkeit, Stressregulation und adaptives Verhalten statt passiver Angst. Autonomie reduziert wahrgenommene Bedrohung: Wenn der Hund selbst entscheiden kann, wann er sich zurückzieht, Nähe sucht oder Neues ausprobiert, steigt das Vertrauen in die eigene Sicherheit. Durch eigene Entscheidungen lernt der Hund, dass Handlungen zu sicheren oder belohnten Ergebnissen führen. Selbstbestimmte Entscheidungen ermöglichen ruhigere Atemmuster, geringeren Sympathikustonus und schnellere Rückkehr in den Normalzustand. Das bedeutet für uns mehr Wahlmöglichkeiten anzubieten, z. B. den eigenen Ruheplatz zu wählen, Nähe zum Halter oder anderen Personen oder Gegenständen entscheiden zu dürfen, kontrollierte Erkundung eines neuen Reizes. Zeitliche Autonomie respektieren, somit dem Hund erlauben, selbst zu bestimmen, wie lange er Nähe sucht oder wie lange er sich zurückzieht. Und immer positive Verstärkung bei eigener Entscheidung durch adäquate Belohnungen, wenn der Hund proaktiv eine gewünschte Handlung wählt (Annäherung, Erkundung, Rückzug in die Ruhezone).

5. Verantwortung übernehmen – *Die eigene Wirkung auf die Umwelt wahrnehmen.*

Auch hier lernen Hunde über feine, sichere Kommunikation: „Wenn ich mich so verhalte, passiert dies; wenn ich mich anders verhalte, passiert etwas anderes." Das gibt ihnen Selbstwirksamkeit. Hunde lernen über kontingentes Feedback: bestimmtes Verhalten führt zu vorhersehbaren Ergebnissen. Durch klare Konsequenzen entwickeln sie Selbstwirksamkeit und Verantwortung für ihr Verhalten. So werden Selbststeuerung, reduzierte Stressreaktionen und bessere Anpassung an neue Situationen gefördert. Zudem werden Ursache-Wirkung-Verknüpfungen hergestellt.

6. **Netzwerkorientierung** – *Soziale Bindungen stärken, Unterstützung suchen.*

Für Hunde ist Bindung existenziell. Eine verlässliche Bezugsperson, vielleicht auch andere souveräne Hunde, sind ihr „Netzwerk", in dem sie sich geborgen fühlen und regulieren können. Bindung erhöht Vertrauen, verringert Angstreaktionen und fördert koordiniertes Verhalten in neuen oder stressigen Situationen. Soziale Unterstützung in herausfordernden Situationen stabilisiert Emotionen, verbessert Lernfähigkeit und erleichtert Habituation an neue Reize. Ein verlässliches Netzwerk reduziert Vermeidungsverhalten des Hundes und fördert proaktives Erkundungsverhalten. Es ist demnach ganz wichtig positive Bindungserweiterung zu gewährleisten, um dem Hund die Möglichkeit zu geben weitere sichere Bezugspersonen (z.B. Familienmitglieder, erfahrene Hundemenschen; Verhaltenstrainerinnen) zu wählen und sein Netzwerk mit Lieblingsmenschen zu erweitern.

7. **Zukunftsplanung** – *Perspektiven entwickeln, Hoffnung schöpfen.*

Menschen denken an die Zukunft, Hunde leben im Moment. Aber: Hunde können lernen, Erwartungen zu entwickeln. Wenn jeden Tag liebevolle Rituale folgen, entsteht eine Art „Zukunftserwartung": „Es wird wieder etwas Gutes passieren." Hunde planen nicht voraus, grübeln nicht über das Morgen. Und doch zeigen Studien, dass Hunde eine Art von Vorausschauen entwickeln können. Der Hund „weiß", dass etwas Schönes bevorsteht, auch wenn er keine bewussten Pläne schmiedet. Diese wiederkehrenden Abläufe geben ihm Sicherheit, Orientierung und ein Gefühl von Verlässlichkeit. Man könnte sagen: Rituale ermöglichen dem Hund, ein Stück Zukunft zu „erleben".

Was heißt das für Hunde mit Trauma?

Resilienz ist trainierbar. Jeder sichere Spaziergang, jede kleine gelungene Begegnung, jedes sanfte Ritual stärkt beim Hund neue neuronale Verbindungen: *„Ich bin sicher. Ich kann damit umgehen."*

Definition und Bedeutung von Resilienz bei Hunden

Resilienz wird als dynamischer Anpassungsprozess verstanden, nicht als starre Eigenschaft. In der Humanpsychologie beschreibt Masten (2014)[228] Resilienz als *„ordinary magic"* – das Ergebnis normaler, aber gut funktionierender Schutzsysteme. Diese Denkweise lässt sich auf Hunde übertragen: Auch bei ihnen geht es nicht um „Unverwundbarkeit", sondern um die Fähigkeit, trotz belastender Erfahrungen wieder in ein funktionales Gleichgewicht zu finden.

Neuere Tierverhaltensforschung zeigt, dass Hunde individuelle Unterschiede in der Stressverarbeitung aufweisen, die sich zudem durch genetische, biologische und soziale Faktoren erklären lassen. Ein resilienter Hund zeigt sich beispielsweise in einer ungewohnten Situation zunächst aufmerksam, aber nicht panisch, und kann nach kurzer Zeit wieder in ein normales Erkundungs- oder Spielverhalten übergehen. Solche Tiere weisen laut Mariti und Kollegen (2013)[229] eine sichere Bindung an Bezugspersonen auf und besitzen gut entwickelte Coping Strategien. Resiliente Hunde zeigen in Stresssituationen eine moderate und schnell abklingende Aktivierung der HPA-Achse. Das heißt, dass die Cortisolspiegel zwar ansteigen, aber nach der Situation rasch wieder auf ein Basalniveau zurückkehren.

Neurologisch betrachtet spielt der präfrontale Kortex eine Schlüsselrolle, weil er hemmend auf die Amygdala wirkt und so überschießende Schutzreaktionen (Flucht, Aggression) eindämmen kann. Porges' Polyvagal-Theorie erklärt dies durch ein gut reguliertes Gleichgewicht zwischen Sympathikus und Parasympathikus: Ein resilienter Hund kann flexibel zwischen Aktivierung und Entspannung wechseln und bleibt dadurch sozial ansprechbar.

Aus psychologischer Sicht wird Resilienz durch sichere Bindung, Lernfähigkeit und positive Erwartungen gestützt. Studien zeigen, dass Hun-

228 Masten, A. S. (2025). *Ordinary magic.* Guilford Publications.
229 Mariti, C., Gazzano, A., Moore, J. L., Baragli, P., Chelli, L., & Sighieri, C. (2012). Perception of dogs' stress by their owners. *Journal of Veterinary Behavior*, 7(4), 213 – 219.

de, die altersgerecht anregende, positive Umweltanreize erleben, stabile soziale Kontakte haben und belohnungsbasiertes Training erfahren, weniger stressanfällig sind und schneller neue Situationen meistern[230].

Verhaltenstherapeutisch wird Resilienz gezielt gefördert durch:

- **Positive Verstärkung** und Erfolgserlebnisse in kleinen Trainingsschritten,
- **Konditionierte Entspannung** – der Hund lernt ein Signal mit Ruhe zu verknüpfen,
- **Nasenarbeit und Problemlöseaufgaben**, die Selbstwirksamkeit vermitteln,
- **Sichere Bindung** an Bezugspersonen, die als Co-Regulatoren des Nervensystems wirken.

Diese Ansätze helfen, traumatische Erfahrungen oder chronische Stressoren zu integrieren, sodass Schutzreaktionen seltener auftreten oder schneller abklingen.

Das biopsychosoziale Modell der Resilienz

Das biopsychosoziale Modell der Resilienz beschreibt Widerstandskraft nicht als starres Persönlichkeitsmerkmal, sondern als Ergebnis eines dynamischen Zusammenspiels biologischer, psychologischer und sozialer Faktoren.

Auf biologischer Ebene spielen genetische Voraussetzungen eine zentrale Rolle: Manche Hunde bringen von Natur aus eine höhere Stresstoleranz mit als andere. Entscheidend ist zudem die Funktionsweise der hormonellen Stressachsen. Resiliente Hunde zeigen hier eine effiziente Regulation: Sie können in herausfordernden Situationen aktiv werden, aber ihr Cortisolspiegel normalisiert sich rasch, sodass keine

230 Cohen, E. E. B. (2017). *A longitudinal study of maternal style, young adult temperament and cognition, and program outcome in guide dogs*. University of Pennsylvania.

chronische Belastung entsteht. Ein weiterer biologischer Faktor ist die Neuroplastizität – das Gehirn des Hundes ist in der Lage, durch neue Erfahrungen seine Strukturen und Verbindungen anzupassen. Positive Lernerfahrungen, Erfolgserlebnisse im Training und sichere Umwelten fördern diese Umbauprozesse und tragen so zur Stressresistenz bei.

Die psychologische Ebene umfasst vor allem Lernprozesse und emotionale Regulation. Hunde, die gelernt haben, dass ihr Verhalten Einfluss auf die Umwelt hat, entwickeln ein Gefühl von Selbstwirksamkeit. Ein Hund, der zum Beispiel durch eigenes Handeln eine Belohnung erhält oder sich durch ein gelerntes Signal beruhigen kann, erlebt Kontrolle statt Hilflosigkeit. Auch die Fähigkeit, Erregung nach Stresssituationen wieder herunterzufahren – etwa durch selbstgewählten Rückzug in einen vertrauten Ruheort oder durch konditionierte Entspannungssignale – gehört zur psychologischen Dimension von Resilienz.

Auf sozialer Ebene wirken Bindungserfahrungen und das soziale Netzwerk stabilisierend oder belastend. Hunde sind soziale Lebewesen, die in enger Interaktion mit Menschen und oft auch anderen Hunden leben. Eine sichere Bindung an eine Bezugsperson wirkt als „sicherer Hafen“: Der Hund kann sich in unsicheren Momenten orientieren, bekommt Unterstützung und fühlt sich geschützt. Ein stabiles Umfeld mit klaren Strukturen, berechenbaren Tagesabläufen und sozialer Sicherheit reduziert das Risiko für chronischen Stress.

Beim Hund zeigt sich Resilienz genau dort, wo diese drei Ebenen ineinandergreifen: Ein biologisch gesunder Organismus mit funktionierenden Stressregulationssystemen, kombiniert mit positiven Lernerfahrungen und einer sicheren sozialen Einbettung, ermöglicht es dem Hund, auch nach Belastungen oder traumatischen Erlebnissen wieder in ein stabiles, neugieriges und ausgeglichenes Verhalten zurückzufinden.

Stress-Coping-Modelle

Stress-Coping Modelle beschreiben, wie Lebewesen auf Belastungen reagieren und welche Strategien sie entwickeln, um diese zu bewältigen. Ursprünglich stammen diese Konzepte aus der Humanpsychologie[231], doch die Grundgedanken lassen sich gut auf Hunde übertragen. Dabei geht es nicht nur darum, wie stark ein Stressor wirkt, sondern vor allem darum, welche aktiven oder passiven Reaktionsmuster der Hund einsetzt, um wieder in ein Gleichgewicht zu gelangen.

Auf biologischer Ebene aktiviert ein Stressor beim Hund zunächst die bekannten Stresssysteme – vor allem die HPA-Achse und das sympathische Nervensystem. Coping-Strategien entscheiden nun, wie sich diese Aktivierung weiterentwickelt: Wird sie sinnvoll genutzt, um ein Problem zu lösen, oder führt sie zu anhaltender Übererregung?

Problemorientierte Coping-Strategien sind aktive Verhaltensweisen, mit denen der Hund versucht, eine Situation zu verändern oder zu kontrollieren. Beispiele: Ein Hund, der durch ein neues Geräusch verunsichert wird, geht zu seiner Bezugsperson, sucht Blickkontakt, überprüft die Umgebung mit der Nase oder zeigt erlernte Signale wie „Schau mich an", weil er weiß, dass dies Sicherheit und Belohnung bringt. Diese aktiven Reaktionen sind Zeichen von Selbstwirksamkeit und fördern langfristig Resilienz.

Emotionsorientierte Coping-Strategien hingegen zielen darauf ab, die emotionale Belastung zu reduzieren, ohne die Situation selbst zu verändern. Ein Hund kann sich zum Beispiel zu seinem Ruheplatz zurückziehen, dort vermehrt lecken oder gähnen (Beschwichtigungssignale) oder Nähe zu einem vertrauten Menschen suchen, um sich zu beruhigen. Solche Strategien sind kurzfristig hilfreich, können aber auch problematisch werden, wenn sie in stereotype oder selbstschädigende Verhaltensweisen übergehen.

Passives Coping wie Erstarren oder „sich klein machen" zeigt, dass der Hund keine kontrollierbare Strategie sieht. Dies tritt oft nach traumati-

231 Lazarus, R. S., & Folkman, S. (1984). *Stress, appraisal, and coping.* Springer.

schen Erfahrungen oder bei chronischer Überforderung auf. Langfristig ist es wenig adaptiv, weil es die Stresssysteme nicht entlastet und keine neuen Lernerfahrungen ermöglicht.

Neuere Studien betonen, dass Coping-Strategien bei Hunden stark von individuellen Faktoren und der Lerngeschichte abhängen. Hunde, die in ihrer Entwicklung viele positive Erfahrungen mit lösbaren Herausforderungen gemacht haben, zeigen flexible, aktive Coping-Muster. Sie können Stressoren schneller verarbeiten und regulieren ihre Emotionen effektiver[232].

Verhaltenstherapeutisch werden Stress-Coping Modelle genutzt, um traumatisierten oder unsicheren Hunden neue Strategien zu vermitteln:

- Durch kleinschrittiges Training mit positiver Verstärkung lernt der Hund, in schwierigen Situationen auf ein Signal oder eine Aufgabe zurückzugreifen.
- Nasenarbeit oder Target-Training fördern problemorientiertes Coping.
- Konditionierte Entspannung oder sichere Rückzugsorte unterstützen emotionsorientiertes Coping.

Stress-Coping-Modelle zeigen, dass Resilienz beim Hund kein Zufallsprodukt ist, sondern das Ergebnis erlernter und biologisch regulierter Strategien. Ein Hund, der gelernt hat, Belastungen aktiv zu bewältigen und sich danach selbst zu beruhigen, entwickelt langfristig mehr Widerstandskraft und zeigt weniger problematische Schutzreaktionen.

232 Dreschel, N. A. (2010). The effects of fear and anxiety on health and lifespan in pet dogs. *Applied Animal Behaviour Science*, 125(3–4), 157–162.

Neuroplastizität und Erfahrungslernen

Neuroplastizität bezeichnet die Fähigkeit des Gehirns, sich aufgrund von Erfahrungen strukturell und funktionell zu verändern. Sie ist ein zentrales Prinzip des Lernens und spielt eine entscheidende Rolle für Anpassung, Heilung nach Traumata und den Aufbau von Resilienz. Das Gehirn eines Hundes ist formbar. Es lernt aus Erfahrungen, passt sich an neue Situationen an. Wenn ein Hund etwas Neues lernt bilden sich neue Verbindungen zwischen Nervenzellen im Gehirn. Diese Veränderungen sind Teil der Neuroplastizität. In der frühen Phase, besonders zwischen der 3. und 12. Lebenswoche, entstehen im Gehirn eines Welpen besonders viele Synapsen – das Gehirn ist extrem lernfähig. Später werden weniger genutzte Verbindungen „pruned" (weggeschnitten), während häufig genutzte stabil bleiben und sich verstärken. *„Neurons that fire together, wire together"* – nach Hebbs Regel wird eine synaptische Verbindung gestärkt, wenn die verbundenen Nervenzellen regelmäßig parallel aktiviert werden. Dies ist auch bei Hunden der Kernmechanismus für Lernen. An Dendriten (Empfangsenden von Nervenzellen) sitzen sogenannte Spines – kleine Ausstülpungen, die Synapsen beherbergen. Lernen kann durch Neubildung oder Vergrößerung dieser Spines erfolgen. Auch bei erwachsenen Hunden ändern sich diese Strukturen, seien es Formveränderung, Wachstum oder Rückzug.

Long-Term Potentiation (LTP) beschreibt die anhaltende Verstärkung der synaptischen Kommunikation, während Long-Term Depression (LTD) die Abschwächung darstellt. Beide Prozesse sind essenziell für das Speichern von Lernerfahrungen und motorischen Fertigkeiten. In der motorischen Großhirnrinde (Motorcortex) zeigen Studien bei Tieren, dass das Erlernen neuer motorischer Fähigkeiten zur Bildung neuer Spines und Umgestaltung existierender führt, welche langfristig beibehalten werden. Gleichermaßen erfolgt eine selektive Eliminierung nicht benötigter Verbindungen zur Verfeinerung des Gelernten.

Auf biologischer Ebene bedeutet Neuroplastizität, dass Synapsen, also die Verbindungsstellen zwischen Nervenzellen, sich in ihrer Stärke und Anzahl verändern können. Neue Nervenverbindungen entstehen, andere werden zurückgebildet. Lernprozesse führen zu langfristigen Veränderungen im limbischen System – insbesondere in der Amygdala und im präfrontalen Kortex, der für die Regulation von Emotionen und

Handlungen wichtig ist. Beim Hund kann durch wiederholtes positives Training die Aktivität der Amygdala bei zuvor angstauslösenden Reizen reduziert werden.

Auf psychologischer Ebene bedeutet Erfahrungslernen, dass der Hund über Wiederholung und Verknüpfung neue Bedeutungen für Reize bildet. Klassische und operante Konditionierung sind die bekanntesten Mechanismen:

- **Klassisches Lernen:** Ein zuvor neutraler Reiz (z. B. ein bestimmtes Geräusch) wird durch wiederholte Kopplung mit etwas Positivem (z. B. Futter, Spiel) zu einem Signal für Sicherheit.

- **Operantes Lernen:** Der Hund erfährt, dass sein Verhalten Konsequenzen hat. Zeigt er ein ruhiges Signal in einer stressigen Situation und wird dafür belohnt, stärkt das sein Gefühl von Kontrolle und Selbstwirksamkeit.

Diese Lernprozesse verändern das Gehirn. Sie fördern die Ausbildung neuer neuronaler Bahnen, wodurch stressbesetzte Erinnerungen überschrieben oder neu bewertet werden können. Genau hier zeigt sich die Kraft der Neuroplastizität: Negative Verknüpfungen können durch wiederholte positive Erfahrungen abgeschwächt oder sogar vollständig ersetzt werden.

Verhaltensbiologisch und therapeutisch bedeutet das:

- Wiederholte, kleinschrittige positive Lernerfahrungen fördern die Neuroplastizität und helfen Hunden, sich langfristig an neue oder belastende Umgebungen anzupassen.

- Methoden wie Desensibilisierung und Gegenkonditionierung nutzen gezielt die Fähigkeit des Gehirns, neue emotionale Bewertungen zu bilden.

- Umweltgestaltung (vorhersehbare Abläufe, sichere Orte) schafft ein stabiles Setting, in dem der Hund ohne Überforderung lernen kann.

Psychobiologie und molekulare Genetik der Resilienz

Resilienz, als dynamischer Anpassungsprozess ermöglicht es Hunden, trotz belastender Ereignisse psychisch gesund zu bleiben oder sich nach Störungen rasch zu stabilisieren. Auf biologischer Ebene spielen dabei insbesondere die Regulation von Stresssystemen und die Plastizität zentraler neuronaler Netzwerke eine Rolle.

Wie mehrfach beschrieben ist die HPA-Achse, die in Stresssituationen Glukokortikoide (z. B. Cortisol) freisetzt, von zentraler Bedeutung. Resiliente Individuen zeigen eine flexible Aktivierung dieser Achse: Sie können bei akuten Stressoren eine angemessene hormonelle Antwort mobilisieren, kehren aber schnell in den Ausgangszustand zurück[233]. Gleichzeitig zeigen Studien, dass insbesondere die Konnektivität zwischen präfrontalem Kortex und Amygdala entscheidend ist, um emotionale Reize zu regulieren. Ein gut funktionierendes Netzwerk zwischen diesen Strukturen begünstigt die Hemmung übermäßiger Furchtreaktionen und fördert adaptives Verhalten[234]. Auch der Hippocampus, der für Kontextlernen und Gedächtnisintegration zuständig ist, trägt über inhibitorische Projektionen zur Dämpfung der HPA-Achse bei.

Auf neurochemischer Ebene sind vor allem Dopamin, Serotonin und Noradrenalin Systeme relevant. Sie modulieren Motivation, Belohnungssensitivität und emotionale Regulation. So wird z. B. angenommen, dass erhöhte dopaminerge Aktivität im mesolimbischen System mit aktiven Bewältigungsstrategien und einer positiven Grundstimmung zusammenhängt[235].

Neben diesen psychobiologischen Grundlagen rücken genetische und epigenetische Faktoren zunehmend in den Fokus. Die molekulare Genetik zeigt, dass bestimmte Genvarianten die Stressverarbeitung be-

233 Feder, A., Nestler, E. J., & Charney, D. S. (2009). Psychobiology and molecular genetics of resilience. *Nature Reviews Neuroscience*, 10(6), 446 – 457. https://doi.org/10.1038/nrn2649

234 Kalisch, R., Müller, M. B., & Tüscher, O. (2017). A conceptual framework for the neurobiological study of resilience. *Behavioral and Brain Sciences*, 38, e92. https://doi.org/10.1017/S0140525X15001462

235 Russo, S. J., Murrough, J. W., Han, M. H., Charney, D. S., & Nestler, E. J. (2012). Neurobiology of resilience. *Nature Neuroscience*, 15(11), 1475 – 1484. https://doi.org/10.1038/nn.3234

einflussen. Beispielhaft ist das Serotonin Transporter Gen (5HTTLPR), dessen kurze Allelvariante mit erhöhter Stresssensitivität assoziiert ist, dessen negative Wirkung aber durch unterstützende Umwelteinflüsse abgeschwächt werden kann[236]. Ein weiteres Beispiel ist das BDNF-Gen (Brain-Derived Neurotrophic Factor), das für synaptische Plastizität entscheidend ist. Höhere BDNF Expression begünstigt neuronale Umbauprozesse und damit die Fähigkeit, belastende Erfahrungen neu zu bewerten und zu integrieren[237]. Auch FKBP5, ein Regulator der Glukokortikoidrezeptor Sensitivität, zeigt polymorphe Varianten, die die HPA-Achsen-Reaktivität und damit die Stressantwort modulieren[238].

Neben der genetischen Ausstattung beeinflussen epigenetische Mechanismen wie DNA-Methylierung und Histonmodifikationen, welche Gene unter Stressbedingungen exprimiert werden. Positive Lernerfahrungen, soziale Unterstützung und ein stabiles Umfeld können dabei zu günstigen epigenetischen Mustern beitragen, die eine flexiblere Stressverarbeitung fördern.

Zusammenfassend entsteht Resilienz aus einem komplexen Zusammenspiel von neurobiologischen Stresssystemen, genetischen und epigenetischen Dispositionen sowie psychologischen und sozialen Faktoren. Die Erkenntnisse aus der Psychobiologie und der molekularen Genetik machen deutlich, dass Resilienz trainierbar ist, da neuroplastische Prozesse und Gen-Umwelt-Interaktionen es dem Hund ermöglichen, auch nach Belastungen adaptive Strategien zu entwickeln.

---

236 Caspi, A., Sugden, K., Moffitt, T. E., Taylor, A., Craig, I. W., Harrington, H., ... Poulton, R. (2003). Influence of life stress on depression: Moderation by a polymorphism in the 5HTT gene. *Science*, 301(5631), 386 – 389. https://doi.org/10.1126/science.1083968

237 Notaras, M., & van den Buuse, M. (2020). Brain-derived neurotrophic factor (BDNF): Novel insights into regulation and genetic variation. *Neuroscientist*, 26(2), 122 – 133. https://doi.org/10.1177/1073858419875391

238 Zannas, A. S., & Binder, E. B. (2014). Gene-environment interactions at the FKBP5 locus: Sensitive periods, mechanisms and pleiotropism. *Genes, Brain and Behavior*, 13(1), 25 – 37. https://doi.org/10.1111/gbb.12104

Faktoren, die Resilienz stärken

Da Resilienz ein dynamischer Anpassungsprozess ist, der es Hunden ermöglicht, trotz widriger Lebensumstände psychisch und körperlich gesund zu bleiben, kann sie durch verschiedene beeinflussbare Faktoren gestärkt werden.

Individuelle psychologische Faktoren

Eine zentrale Rolle spielt die Selbstwirksamkeitserwartung - das Vertrauen in die eigene Fähigkeit, Schwierigkeiten zu bewältigen. Bandura (1997) zeigte in seiner sozialkognitiven Theorie, dass hohe Selbstwirksamkeit in stressreichen Situationen dazu führt aktiver nach Lösungen zu suchen und weniger Vermeidungsverhalten zu zeigen. Ebenso relevant ist die emotionale Regulation, also die Fähigkeit, belastende Emotionen wahrzunehmen, einzuordnen und zu steuern. Studien zeigen, dass adaptive Strategien wie kognitive Neubewertung (Reappraisal) zu geringeren physiologischen Stressreaktionen führen[239].

Biologische und neuroplastische Faktoren

Resilienz ist eng mit einer flexiblen HPA-Achsen Regulation verbunden. Resiliente Individuen zeigen eine schnellere Rückkehr zum hormonellen Ausgangsniveau nach Stressbelastung. Neuroplastische Prozesse, vermittelt durch Wachstumsfaktoren wie BDNF (Brain-Derived Neurotrophic Factor), ermöglichen das Umbauen neuronaler Netzwerke und damit die Integration neuer, positiver Erfahrungen. Dadurch können traumatische Gedächtnisinhalte überschrieben oder neu bewertet werden, was langfristig die Stressresistenz erhöht.

---

239 Roy, A. S., Wilhelm, F. H., Shallcross, A. J., & Mauss, I. B. (2010). Seeing the silver lining: Cognitive reappraisal ability moderates the relationship between stress and depressive symptoms. *Emotion*, 10(6), 783–795. https://doi.org/10.1037/a0020262

Soziale Faktoren

Auch das soziale Umfeld ist ein entscheidender Schutzfaktor. Bindungstheoretische Ansätze zeigen, dass sichere Bindungserfahrungen mit Bezugspersonen die Fähigkeit stärken, in Krisensituationen Unterstützung zu suchen und emotionale Sicherheit zu erleben[240]. Soziale Unterstützung wirkt zudem als Puffer gegen die Aktivierung der Stressachsen und begünstigt eine schnellere Erholung nach Belastungen.

Umweltbezogene Faktoren

Forschungsergebnisse weisen darauf hin, dass Gemeinschaftsgefühl und ein enriched environment – also eine anregungsreiche, sichere Umgebung – die Stressverarbeitung und neuronale Plastizität nachhaltig verbessern[241].

---

240 Mikulincer, M., & Shaver, P. R. (2019). Attachment orientations and emotion regulation. *Current Opinion in Psychology*, 25, 6–10. https://doi.org/10.1016/j.copsyc.2018.02.006

241 Rosenzweig, M. R., & Bennett, E. L. (1996). Psychobiology of plasticity: Effects of training and experience on brain and behavior. *Behavioural Brain Research*, 78(1), 57–65. https://doi.org/10.1016/0166-4328(95)00216-2

15. Positive Psychologie – Grundlagen und Konzepte

Die Positive Psychologie ist ein Forschungs- und Anwendungsbereich innerhalb der Psychologie, der sich nicht primär mit Defiziten, Störungen oder Krankheiten befasst, sondern mit den Bedingungen und Prozessen, die ein gelingendes, sinnerfülltes Leben fördern[242].

Ein Kernmodell ist das **PERMA Modell** nach Seligman (2011), das fünf Säulen psychischen Wohlbefindens beschreibt:

- **P (Positive Emotionen):** Freude, Interesse, Stolz, Vergnügen fördern nachhaltige Zufriedenheit.
- **E (Engagement):** Das Eintauchen in Tätigkeiten, bei denen man „Flow" erlebt.
- **R (Relationships):** Stabile, unterstützende soziale Beziehungen wirken als Schutzfaktoren.
- **M (Meaning)**: Zugehörigkeit gibt Halt.
- **A (Accomplishment):** Zielerreichung und Erfolgserlebnisse stärken Selbstwirksamkeit.

Die Positive Psychologie betont, dass Gesundheit durch Kohärenzerleben - also Verstehbarkeit, Machbarkeit und Sinnhaftigkeit - gefördert wird und hat damit Bezüge zum Salutogenese Modell.

Das Salutogenese Modell wurde vom Medizinsoziologen Aaron Antonovsky entwickelt und stellt einen Paradigmenwechsel in der Gesundheitsforschung dar. Während klassische Ansätze vor allem krankheitsorientiert fragen, *wie Krankheiten entstehen*, richtet sich die

242 Seligman, M. E. P., & Csikszentmihalyi, M. (2000). Positive psychology: An introduction. *American Psychologist*, 55(1), 5 – 14. https://doi.org/10.1037/0003-066X.55.1.5

Salutogenese auf die Frage: Wie entsteht Gesundheit?[243]. Anstatt Gesundheit und Krankheit als gegensätzliche Zustände zu betrachten, beschreibt Antonovsky ein Kontinuum, auf dem sich jedes Individuum je nach Lebensumständen und Ressourcen bewegt.

Zentraler Baustein ist das Kohärenzgefühl (*sense of coherence*, SOC). Es bezeichnet eine globale Orientierung, um die Welt als verstehbar, handhabbar und sinnvoll zu erleben[244]. Diese drei Komponenten greifen ineinander:

1. **Verstehbarkeit:** Ereignisse des Lebens sind für den Hund verstehbar, nachvollziehbar und vorhersehbar.

2. **Handhabbarkeit:** Eigene oder externe Ressourcen, z. B. Unterstützung durch seinen Menschen, stehen zu Verfügung, um mit Herausforderungen umzugehen.

3. **Sinnhaftigkeit:** Das Leben ist emotional bedeutsam und wird mit Wohlbefinden und Selbstwirksamkeit erlebt.

Hunde mit einem starken „Kohärenzgefühl" erleben stressige Situationen nicht als Bedrohung, sondern als Chance, sich weiterzuentwickeln und zu lernen. Studien zeigen, dass Hunde, die ein gutes inneres Gleichgewicht haben, besser mit Stress umgehen können, weniger Anzeichen von Angst oder Depression zeigen und insgesamt gesünder, kooperativer und optimistischer sind[245,246].

Das bedeutet, dass Gesundheit bei Hunden nicht dadurch entsteht, dass sie keinen Stress haben, sondern durch den konstruktiven Umgang damit. Zentrale Rolle spielen dabei Widerstandsressourcen, z. B.

---

243 Antonovsky, A. (1996). The salutogenic model as a theory to guide health promotion. *Health Promotion International*, 11(1), 11 – 18. https://doi.org/10.1093/heapro/11.1.11

244 Antonovsky, A. (1987). *Unraveling the mystery of health: How people manage stress and stay well.* Jossey-Bass.

245 Eriksson, M., & Lindström, B. (2006). Antonovsky's sense of coherence scale and the relation with health: A systematic review. *Journal of Epidemiology & Community Health*, 60(5), 376 – 381. https://doi.org/10.1136/jech.2005.041616

246 Super, S., Wagemakers, M. A. E., Picavet, H. S. J., Verkooijen, K. T., & Koelen, M. A. (2016). Strengthening sense of coherence: Opportunities for theory building in health promotion. *Health Promotion International*, 31(4), 869 – 878. https://doi.org/10.1093/heapro/dav071

stabile soziale Netzwerke, Sicherheit, Kontrollierbarkeit und eine hundgerechte Lebensweise. Diese Ressourcen helfen, Stressoren zu bewältigen, und verstärken das Kohärenzgefühl.

Neurowissenschaftlich lässt sich der salutogenetische Ansatz mit Erkenntnissen zur Stressregulation verknüpfen: Ein starkes Kohärenzgefühl geht mit adaptiver Aktivität der HPA-Achse und einem ausgeglichenen autonomen Nervensystem einher[247]. Positive Emotionen und das Gefühl von Sinn beeinflussen zudem die Neuroplastizität, indem sie dopaminerge Belohnungsnetzwerke aktivieren und so Lernprozesse unterstützen[248].

Die **Broaden-and-Build Theory** ist ein einflussreiches Konzept der Positiven Psychologie, entwickelt von Barbara L. Fredrickson[249]. Sie beschreibt, wie positive Emotionen - wie Freude, Interesse oder soziale Verbundenheit - nicht nur kurzfristig angenehme Zustände hervorrufen, sondern langfristig psychische, kognitive, soziale und physische Ressourcen aufbauen.

Während negative Emotionen wie Angst oder Wut evolutionär darauf ausgerichtet sind, Verhalten in gefährlichen Situationen zu verengen (*narrowing of thought-action repertoires*) und schnelle, fokussierte Reaktionen wie Kampf oder Flucht auszulösen, haben positive Emotionen den gegenteiligen Effekt. Sie erweitern (*broaden*) das Denk und Handlungsspektrum. Zum Beispiel führt Neugier dazu, dass Hunde Neues erkunden, während Freude ihr kreatives Problemlösen anregt. Hunde, die regelmäßig positive Erlebnisse machen (z. B. durch spielerische Trainingsmethoden, Entdeckungsfreude oder soziale Interaktionen mit Menschen und anderen Hunden), erweitern ihren Horizont im Sinne von:

---

247 Lindström, B., & Eriksson, M. (2010). The hitchhiker's guide to salutogenesis: Salutogenic pathways to health promotion. *Helsinki: Folkhälsan* Research Center.

248 Davidson, R. J., & McEwen, B. S. (2012). Social influences on neuroplasticity: Stress and interventions to promote well-being. *Nature Neuroscience*, 15(5), 689 - 695. https://doi.org/10.1038/nn.3093

249 Fredrickson, B. L. (2001). The role of positive emotions in positive psychology: The broaden-and-build theory of positive emotions. *American Psychologist*, 56(3), 218 - 226. https://doi.org/10.1037/0003-066X.56.3.218

- **Vertrauen:** Sie entwickeln ein größeres Vertrauen in ihre Umgebung und in Menschen, was ihre soziale Intelligenz stärkt.

- **Neugier:** Durch positive Erfahrungen werden sie offener für neue Umgebungen, Geräusche oder Gerüche. Das stärkt ihre explorative (entdeckende) Natur und fördert geistige Flexibilität.

Im „*Build*"-Teil geht es darum, dass diese positiven Erfahrungen nicht nur für den Moment gut sind, sondern langfristig Ressourcen aufbauen, die den Hund stabiler und anpassungsfähiger machen. Hierbei entstehen durch wiederholte positive Erlebnisse:

- **Stärkere Bindungen:** Durch positive Erlebnisse wächst das Vertrauen zwischen Hund und Mensch, was die emotionale Resilienz des Hundes stärkt.

- **Verbesserte Fähigkeiten:** Das Erlernen neuer Fähigkeiten fördert nicht nur das Selbstbewusstsein des Hundes, sondern auch seine Fähigkeit, auf verschiedene Situationen flexibel zu reagieren.

Und diese Erweiterung setzt Lern- und Explorationsprozesse in Gang, durch die langfristig Ressourcen aufgebaut werden:

- **Kognitiv:** flexiblere Denkmuster und bessere Problemlösefähigkeiten werden vom Hund entwickelt.
- **Sozial:** tragfähige Beziehungen und Netzwerke werden ge- und erlebt.
- **Physiologisch:** Wiederholte positive Emotionen können das Stresssystem modulieren und die Resilienz stärken, etwa über günstigere Cortisolprofile und adaptive Aktivierung des parasympathischen Nervensystems[250,251].

250 Fredrickson, B. L., & Joiner, T. (2002). Positive emotions trigger upward spirals toward emotional well-being. *Psychological Science*, 13(2), 172–175. https://doi.org/10.1111/1467-9280.00431

251 Kok, B. E., Coffey, K. A., Cohn, M. A., Catalino, L. I., Vacharkulksemsuk, T., Algoe, S. B., ... & Fredrickson, B. L. (2013). How positive emotions build physical health: Perceived positive social connections account for the upward spiral between positive emotions and vagal tone. *Psychological Science*, 24(7), 1123–1132. https://doi.org/10.1177/0956797612470827

16. Das Nervensystem und seine Rolle bei Trauma und Stress

Stressreaktionen sind eng mit der Funktionsweise des zentralen und autonomen Nervensystems verknüpft. Das autonome Nervensystem (ANS) umfasst den sympathischen und parasympathischen Anteil, die gemeinsam eine flexible Anpassung an Umweltanforderungen gewährleisten.

Studien verdeutlichen, dass Stress nicht nur kurzfristige Reaktionen auslöst, sondern tiefergehende neurobiologische Spuren hinterlässt. Kremer und Kollegen (2024)[252] zeigen, dass frühes Stresserleben mit epigenetischen Veränderungen des Stressregulationsgens FKBP5 verbunden ist. Diese Veränderungen gehen mit strukturellen Veränderungen im präfrontalen Kortex und einer gesteigerten Amygdala Reaktivität einher, was langfristig eine erhöhte Stressempfindlichkeit begünstigt. Genomweite Analysen identifizieren zudem zahlreiche genetische Loci, die die Anfälligkeit gegenüber stressbedingten Erkrankungen wie PTSD beeinflussen. Nievergelt und Kollegen (2024)[253] entdeckten in ihrer Untersuchung 95 Genstellen (Loci) und 43 Gene, die eine wichtige Rolle bei der Steuerung der neuronalen Signalübertragung und der Regulation von Stresshormonen spielen. Bei Hunden bedeuten diese Gene, dass bestimmte Erbanlagen mit beeinflussen, wie ihr Gehirn auf Stress reagiert und wie gut sie Stresshormone wie Cortisol regulieren können. Das ist eine weitere Komponente, warum einige Hunde besser mit stressigen Situationen umgehen können als andere – ihre Gene unterstützen eine gesunde Stressbewältigung und ein ausgeglichenes Verhalten.

---

252 Kremer, T. L. et al. (2024). Multimodal associations of FKBP5 methylation with emotion-regulatory brain circuits. *Biological Psychiatry*.

253 Nievergelt, C. M. et al. (2024). Genome-wide association analyses identify 95 risk loci for PTSD. *Nature Genetics*, 56, 792 – 808.

Neuroimaging Studien verdeutlichen, dass Resilienz mit spezifischen Mustern der Hirnaktivität und Struktur verbunden ist. Hunde, die besonders widerstandsfähig sind, haben einen größeren und aktiveren präfrontalen Cortex und Hippocampus, Bereiche, die wichtig für Kontrolle, Lernen und Gedächtnis sind. Gleichzeitig ist die Aktivität in der Amygdala, die für Angst und Stressreaktionen zuständig ist, bei diesen Hunden eher gedämpft. Das hilft ihnen, ruhiger und gelassener mit stressigen Situationen umzugehen[254].

Außerdem zeigen neuroendokrinologische und immunologische Untersuchungen, dass dauerhafter Stress bei Hunden das HPA-System dysreguliert. Dadurch werden mehr entzündungsfördernde Botenstoffe (Zytokine) ausgeschüttet, was die Gesundheit und Erholung des Hundes negativ beeinflusst. Das Konzept der „Allostatic Load" erklärt, wie sich häufige Aktivierung der Stresssysteme auf Dauer auf das Herz-Kreislauf-System und das Gehirn auswirkt und so gesundheitliche Probleme wie Herzkrankheiten oder Gehirnveränderungen fördern kann[255].

Diese neuen Erkenntnisse eröffnen Perspektiven für therapeutische Ansätze, die gezielt auf Neuroplastizität und epigenetische Regulationen abzielen. Interventionen wie Achtsamkeitstraining, Neurofeedback oder individualisierte Pharmakotherapie nutzen die Fähigkeit des Gehirns, sich auf struktureller und funktioneller Ebene anzupassen. Dadurch können Dysregulationen, die durch traumatische Belastungen entstanden sind, schrittweise abgebaut und resiliente Netzwerke gestärkt werden.

Das autonome Nervensystem (ANS)

Das autonome Nervensystem (ANS) ist ein zentraler Bestandteil der Stressregulation und steuert unbewusste Körperfunktionen wie Herzfrequenz, Atmung, Blutdruck, Verdauung und Immunprozesse. Es besteht aus zwei Hauptzweigen: dem sympathischen Nervensystem und dem parasympathischen Nervensystem. Beide Systeme arbeiten anta-

254 Resilience to stress and trauma: A narrative review of neuroimaging research. (2024). *Current Opinion in Behavioral Sciences*, 58, 101408.

255 McEwen, B. S. (2007). Physiology and neurobiology of stress and adaptation: Central role of the brain. *Physiological Reviews*, 87(3), 873 – 904.

gonistisch und kooperativ, um die Homöostase – also das physiologische Gleichgewicht – aufrechtzuerhalten.

Studien zeigen, dass traumatische Erlebnisse bei Hunden das ANS dauerhaft aus dem Gleichgewicht bringen können. Dabei ist die stressfördernde (sympathische) Aktivität ständig erhöht, während die entspannende (parasympathische) Rückmeldung reduziert ist. Das zeigt sich bei Hunden durch Symptome wie erhöhter Herzfrequenz, Hypervigilanz, Schlafstörungen oder Verdauungsproblemen[256]. Bildgebende Verfahren belegen dabei Veränderungen in Hirnarealen, die das ANS steuern, wie präfrontaler Cortex, Amygdala und Hirnstamm[257].

Der präfrontale Cortex im Hundehirn – besonders die ventromedialen und dorsolateralen Bereiche – steuert wichtige Funktionen, die Gefühle und automatische Körperprozesse regulieren. Unter normalen Bedingungen sorgt der PFC dafür, dass die Amygdala, die für Angst und Stress zuständig ist, kontrolliert wird. So werden Stresssignale richtig eingeschätzt und können wieder heruntergefahren werden. Bei Hunden mit traumatischer Belastungsstörung oder chronischem Stress zeigen Bildgebungsstudien jedoch eine verminderte Aktivität und teilweise auch reduzierte graue Substanz im PFC. Diese strukturellen und funktionellen Veränderungen führen dazu, dass die Top-down-Kontrolle geschwächt ist, was sich in einer ungebremsten Aktivierung des sympathischen Nervensystems äußern kann[258].

Interventionen zur Traumaverarbeitung und Resilienzförderung setzen zunehmend an diesen Mechanismen an. Verfahren wie Biofeedback, Atemtraining oder vagusstimulierende Übungen fördern die parasympathische Aktivität und stärken die Flexibilität des ANS. Diese Ansätze basieren auf der Erkenntnis, dass das Nervensystem neuroplastisch ist

---

256 Chrousos, G. P. (2009). Stress and disorders of the stress system. *Nature Reviews Endocrinology*, 5(7), 374 – 381.

257 Thayer, J. F., & Lane, R. D. (2009). Claude Bernard and the heart-brain connection: Further elaboration of a model of neurovisceral integration. *Neuroscience & Biobehavioral Reviews*, 33(2), 81 – 88.

258 Shin, L. M., Rauch, S. L., & Pitman, R. K. (2006). Amygdala, medial prefrontal cortex, and hippocampal function in PTSD. *Annals of the New York Academy of Sciences*, 1071(1), 67 – 79.

und durch gezielte Erfahrungen und Regulationstraining langfristig verändert werden kann.[259]

Studien zeigen, dass die neuronalen Netzwerke im Hirnstamm unter wiederholter Stressbelastung sensibler auf sympathische Aktivierungsreize reagieren und gleichzeitig weniger effektiv auf Signale reagieren, die die parasympathische Gegenregulation anstoßen[260]. Man spricht von einer erhöhten sympathischen Reaktivität: Schon geringe Stressoren führen zu einer überproportional starken Aktivierung des Sympathikus. Gleichzeitig wird die parasympathische Rückregulation blockiert oder verzögert. Das vegetative Gleichgewicht bleibt deshalb länger in einem „Alarmmodus". Chronisch gestresste Hunde zeigen eine verstärkte Aktivität in Hirnstammregionen bei gleichzeitig reduzierter Konnektivität zum präfrontalen Cortex, was eine flexible Regulation erschwert. Diese Erkenntnisse verdeutlichen, dass Stress nicht nur „im Kopf" passiert, sondern tief in die vegetativen Steuerzentren eingreift.

Proinflammatorische Zytokine

Proinflammatorische Zytokine sind Signalmoleküle des Immunsystems, die Entzündungsprozesse aktivieren und verstärken. Zu den wichtigsten zählen Interleukin- 1β (IL- 1β), Interleukin- 6 (IL- 6) und Tumornekrosefaktor- α (TNF- α). Sie werden von Immunzellen wie Makrophagen und Mikroglia ausgeschüttet, wenn der Organismus auf Stressoren, Infektionen oder Gewebsschäden reagiert[261].

Im Kontext von Stress und Trauma spielt die Aktivierung dieser Zytokine eine entscheidende Rolle: Chronischer Stress führt zu einer Aktivierung der HPA-Achse und zu einer dauerhaften Ausschüttung von Cortisol. Obwohl Cortisol zunächst entzündungshemmend wirkt, kann eine langfristige Dysregulation paradoxerweise mit einer Erhöhung proinflamma-

259 Porges, S. W., & Dana, D. (2018). Clinical applications of the polyvagal theory: The emergence of polyvagal-informed therapies (Norton series on interpersonal neurobiology). WW Norton & Company.

260 UlrichLai, Y. M., & Herman, J. P. (2009). Neural regulation of endocrine and autonomic stress responses. *Nature Reviews Neuroscience*, 10(6), 397 – 409.*

261 Dantzer, R. (2018). Neuroimmune interactions: From the brain to the immune system and vice versa. *Physiological Reviews*, 98(1), 477 – 504.

torischer Zytokine einhergehen[262]. Diese Zytokine wirken nicht nur lokal im Immunsystem, sondern beeinflussen auch das zentrale Nervensystem. Über die Blut-Hirn-Schranke oder über vagale Signalwege aktivieren sie Mikroglia und verändern Neurotransmitterkreisläufe, etwa in Amygdala, Hippokampus und präfrontalem Kortex[263].

Mikroglia, die Immunzellen des zentralen Nervensystems, spielen eine entscheidende Rolle bei der Anpassung des Gehirns an Stress und Belastungen. Unter normalen Bedingungen überwachen sie die neuronale Umgebung, beseitigen Abfallstoffe und tragen zur Synapsenregulation bei. Kommt es jedoch zu chronischem Stress oder traumatischen Erfahrungen, können Mikroglia in einen dauerhaft aktivierten Zustand übergehen. In diesem Zustand schütten sie vermehrt proinflammatorische Zytokine wie Interleukin- 1β oder Tumornekrosefaktor- α aus und beeinflussen dadurch die chemische Kommunikation zwischen den Nervenzellen.

In der Amygdala führt die durch Mikroglia vermittelte Veränderung der Neurotransmitterkreisläufe zu einer erhöhten Erregbarkeit, sodass Bedrohungen intensiver wahrgenommen werden. Im Hippokampus, der eine zentrale Rolle bei Gedächtnisprozessen und der Hemmung der Stressachse spielt, kann es durch diese Prozesse zu einer verminderten Hemmfunktion kommen, was eine nachhaltige Stressüberreaktion begünstigt. Im präfrontalen Kortex, der normalerweise hemmend auf emotionale Impulse wirkt und rationales Abwägen ermöglicht, wird die Regulation durch solche neuroinflammatorischen Veränderungen geschwächt, sodass die Hunde weniger Kontrolle über ihre Stressreaktionen haben. Mikroglia reagieren auf Stress wie „Wächterzellen". Wenn sie zu stark aktiviert sind, verändern sie die chemische Kommunikation in den Hirnregionen, die Emotionen und Stress steuern. Das kann erklären, warum chronischer Stress oder Trauma langfristige Veränderungen im Denken, Fühlen und Verhalten bewirkt.

---

262 Miller, G. E., & Raison, C. L. (2016). The role of inflammation in depression: From evolutionary imperative to modern treatment target. *Nature Reviews Immunology,* 16(1), 22–34.

263 Rosenblat, J. D., Cha, D. S., & McIntyre, R. S. (2014). Inflamed moods: A review of the interactions between inflammation and mood disorders. *Progress in Neuro-Psychopharmacology and Biological Psychiatry,* 53, 23–34.

Die proinflammatorischen Zytokine sorgen für eine entzündliche Reaktion, die nicht nur das Immunsystem aktiviert, sondern auch die Kommunikation im Gehirn beeinflusst, was langfristig negative Auswirkungen auf die Gehirnfunktion und das Verhalten haben kann. Neuere Studien zeigen, dass erhöhte Spiegel von IL-6 und TNF mit Symptomen wie depressiver Verstimmung, erhöhter Ängstlichkeit und erhöhter Schmerzempfindlichkeit korrelieren.[264] Diese Erkenntnisse haben das Konzept der „Neuroinflammation" etabliert: Stress und psychische Belastung sind nicht nur neuronale, sondern auch immunologische Phänomene.

Neuroinflammation

Die Neuroinflammation wird in der modernen Neurobiologie als ein Schlüsselmechanismus verstanden, über den chronischer Stress und traumatische Erfahrungen langfristige Veränderungen im emotionalen Erleben und Verhalten auslösen. Unter Neuroinflammation versteht man entzündliche Prozesse im Gehirn, die nicht durch klassische Infektionen, sondern durch Stresshormone, psychosoziale Belastungen oder dauerhafte Aktivierung des Immunsystems ausgelöst werden.

Zentral beteiligt sind Mikroglia und Astrozyten, die als Immunzellen des Gehirns normalerweise schützend wirken, bei Überaktivierung jedoch proinflammatorische Zytokine wie Interleukin6 (IL-6) oder Tumornekrosefaktor (TNF) freisetzen. Diese Stoffe verändern die Neurotransmission, indem sie erregende Signalwege (Glutamat) verstärken und hemmende Systeme (GABA) schwächen. Dabei kommt es in der Amygdala, im Hippokampus und im präfrontalen Kortex zu strukturellen und funktionellen Umbauprozessen[265,266]. Die Amygdala zeigt dabei eine erhöhte Aktivität, die mit Angst und Hypervigilanz assoziiert ist. Der Hippokampus verliert an Volumen und Effizienz, was sich in Gedächtnisproblemen und einer schlechteren Stressregulation niederschlägt. Der präfrontale Kor-

264 Grozdanov, V., & Danzer, K. M. (2020). Intracellular alpha-synuclein and immune cell function. *Frontiers in Cell and Developmental Biology*, 8, 562692.

265 Lenz, K. M., & Nelson, L. H. (2018). Microglia and beyond: Immune cells as drivers of brain development and behavioral dysfunction. *Frontiers in Cellular Neuroscience*, 12, 432.

266 Miller, A. H., Haroon, E., & Raison, C. L. (2021). Inflammation and the nervous system: Progress and prospects for psychoneuroimmunology. *Nature Reviews Neuroscience*, 22(3), 173–189.

tex, zeigt eine verringerte Konnektivität, was impulsive und emotionale Reaktionen begünstigt[267].

Neuere Theorien betonen die bidirektionale Kommunikation zwischen Immunsystem und Nervensystem. So beschreibt das Modell von Wohleb und Kollegen (2018)[268], dass chronische Belastung das periphere Immunsystem in einen „Alarmzustand" versetzt, wodurch über Zytokine und vagale Signale auch Mikroglia im Gehirn aktiviert werden. Dieser Zustand kann sich verselbstständigen und zu einer niedriggradigen, chronischen Entzündung führen, die neuronale Netzwerke nachhaltig verändert.

Studien zeigen, dass gezielte Interventionen – etwa Bewegung, Enrichment und soziales Training die Ausschüttung entzündlicher Mediatoren reduzieren und gleichzeitig neuroprotektive Wachstumsfaktoren wie BDNF (Brain-Derived Neurotrophic Factor) erhöhen können[269].

---

267 Treadway, M. T., Buckholtz, J. W., Zald, D. H., & Cowan, R. L. (2022). Neuroimmune mechanisms of stress and reward in mood disorders. *Neuropsychopharmacology Reviews*, 47(1), 179 – 195.

268 Wohleb, E. S., Franklin, T., Iwata, M., & Duman, R. S. (2018). Integrating neuroimmune systems in the neurobiology of depression. *Nature Reviews Neuroscience*, 19(10), 606 – 620.*

269 Bath, K. G., Manzano-Nieves, G., & Goodwill, H. (2022). Early life stress accelerates behavioral and neural maturation of the hippocampus in male mice. *Biological Psychiatry*, 91(2), 161 – 172.

17. Stresshormone

Stresshormone sind biochemische Botenstoffe, die vom Körper ausgeschüttet werden, um in Belastungssituationen schnelle Anpassungsreaktionen zu ermöglichen. Sie sind zentrale biochemische Vermittler der Stressreaktion und wirken direkt auf das Gehirn, das Immunsystem und den gesamten Organismus. Die wichtigsten Vertreter sind Glukokortikoide (beim Hund Cortisol und Corticosteron) sowie Katecholamine wie Adrenalin und Noradrenalin. Sie werden durch Aktivierung der HPA-Achse und des sympathischen Nervensystems ausgeschüttet. Diese hormonellen Systeme stehen in enger Wechselwirkung mit psychischen Prozessen, weshalb sie in der modernen Stressforschung als Schnittstelle zwischen Körper und Psyche verstanden werden[270].

Substanzklasse	Moleküle	Wirkung auf Aggression bei Hunden
Steroide	Testosteron, Cortisol	Fördern reaktive Aggression bei Stress/Testosteronüberschuss
Neuropeptide	Oxytocin, Vasopressin	Oxytocin wirkt beruhigend (Hemmung), Vasopressin fördert je nach Situation beides
Monoamine	Serotonin, Dopamin	Serotonin senkt Reaktivität, Dopamin wirkt motivationssteigernd (z. B. bei Beuteverhalten)

270 McEwen, B. S. (2019). Protective and damaging effects of stress mediators: Central role of the brain. *Dialogues in Clinical Neuroscience*, 21(2), 105–117.

Allostatische Last

Neuere Theorien wie das Konzept der allostatischen Last[271] gehen davon aus, dass wiederholte oder andauernde Ausschüttung von Cortisol und Katecholaminen zu „Verschleiß" an biologischen Systemen führt. Allostase beschreibt den Prozess, wie Hunde ihren Körper aktiv an wechselnde Umweltanforderungen anpassen, um Stabilität zu erhalten. Allostatische Last bezeichnet die kumulative Belastung, die durch wiederholte oder chronische Aktivierung dieser Anpassungsprozesse entsteht. Eine hohe allostatische Last führt zu Beeinträchtigungen des Immunsystems, Stoffwechsels und Verhaltensänderungen[272].

Radosta (2024) beschreibt wie Stoffwechselerkrankungen bei Hunden mit Verhaltensänderungen einhergehen. Erkrankungen wie Diabetes, Übergewicht oder Schilddrüsenprobleme beeinflussen nicht nur die körperliche Gesundheit, sondern wirken sich auch auf das Verhalten aus. Betroffene Hunde zeigen häufig Symptome wie reduzierte Aktivität, Reizbarkeit, Veränderungen im Fressverhalten oder vermehrte Unruhe. Ein ganzheitlicher Ansatz, der sowohl medizinische als auch verhaltensbezogene Aspekte einbezieht, ist entscheidend für eine erfolgreiche Behandlung und Verbesserung der Lebensqualität unserer Hunde[273].

Studien belegen, dass eine chronisch erhöhte Cortisolproduktion mit einer reduzierten Dendritenbildung im Hippokampus, einer Hyperaktivität der Amygdala und einer verminderten Hemmfunktion des präfrontalen Kortex einhergeht[274]. Das bedeutet die Amygdala ist hyperaktiv und das „Alarmzentrum" im Gehirn feuert zu stark. Dazu kommt eine verminderte Hemmfunktion des präfrontalen Kortex: Die „Kontrollzentrale" kann das Alarmzentrum nicht mehr ausreichend herunterpegeln. Das führt dazu, dass betroffene Hunde ängstlicher, reizbarer oder unkonzentrierter werden und Schwierigkeiten haben, sich in neuen oder belastenden Situationen zu beruhigen.

---

271 McEwen, B. S. (2004). Stress and Adaptation: Allostasis and Allostatic Load. *Allostasis, homeostasis, and the costs of physiological adaptation*, 65.

272 Seeley, K. E., Proudfoot, K. L., & Edes, A. N. (2022). The application of allostasis and allostatic load in animal species: a scoping review. *PLoS One*, 17(8), e0273838.

273 Radosta, L. (2024). Behavior changes associated with metabolic disease of dogs and cats. *Veterinary Clinics: Small Animal Practice*, 54(1), 17 – 28.

274 Schwabe, L., Joëls, M., Roozendaal, B., Wolf, O. T., & Oitzl, M. S. (2018). Stress effects on memory: An update and integration. *Neuroscience & Biobehavioral Reviews*, 92, 81–99.

Epigenetische Effekte

Hypothesen aus der Neuroendokrinologie gehen davon aus, dass diese hormonellen Veränderungen nicht nur akute Anpassungen, sondern auf Dauer epigenetische Effekte auslösen können. Das bedeutet, dass diese Hormone nicht nur kurzfristig wirken, sondern tiefgreifende, langfristige Spuren im Organismus hinterlassen. Über Mechanismen der Epigenetik verändern sie die Aktivität von Genen, ohne die eigentliche DNA-Sequenz zu verändern. Diese epigenetischen Effekte führen dazu, dass bestimmte Gene – etwa jene, die für Stressrezeptoren oder Neurotransmitter verantwortlich sind – dauerhaft stärker oder schwächer abgelesen werden. So kann eine frühe oder chronische Stressbelastung dazu führen, dass das Gehirn über Jahre oder sogar lebenslang empfindlicher auf Stress reagiert, weil die hormonellen Signale die „Abstimmung" der Genaktivität verändert haben. Die Studie von Clinton und Kollegen (2022)[275] zeigt bei Ratten, dass Jungtiere, die in den ersten Lebenstagen weniger mütterliche Fürsorge erhielten, später eine andere Methylierung im Gen für den Glukokortikoidrezeptor im Hippokampus aufwiesen. Diese Veränderung führte dazu, dass die Tiere ihr Leben lang eine stärkere Cortisolreaktion auf Stress zeigten. Untersuchungen zeigen, dass Individuen mit identischer genetischer Ausstattung je nach Aufzuchtbedingungen und sozialen Erfahrungen sehr unterschiedliche Stressreaktionen entwickeln.

Überträgt man diese Erkenntnisse auf Hunde, wird deutlich: Frühe sichere Bindungserfahrungen, eine vorhersagbare Umwelt und positive Lernerfahrungen können epigenetische Mechanismen aktiv beeinflussen und so die Grundlage für eine stabile Stressregulation schaffen. Das bedeutet, dass Verhaltenstherapie und Haltungsbedingungen nicht nur Symptome behandeln, sondern durch die gezielte Förderung von positiven Erfahrungen Resilienz „aufbauen" können.

In der neueren Literatur wird zunehmend betont, dass Verhalten und Epigenetik bei Hunden eng miteinander verflochten sind und sich gegenseitig beeinflussen. Grillaert (2021) zeigt in ihrer Arbeit eindrucksvoll, dass unterschiedliche Sozialisationsbedingungen bei Hunden nicht nur

---

275 Clinton, S. M., Unroe, K. A., Shupe, E. A., McCoy, C. R., & Glover, M. E. (2022). Resilience to stress: lessons from rodents about nature versus nurture. *The Neuroscientist*, 28(3), 283 – 298

sichtbare Verhaltensunterschiede erzeugen, sondern auch mit epigenetischen Variationen einhergehen. Hunde, die in frühen Lebensphasen unzureichende oder konflikthafte soziale Erfahrungen machen, weisen eine andere Methylierung bestimmter Genabschnitte auf, die mit Stressregulation und emotionaler Reaktivität in Verbindung stehen. Besonders relevant ist der von Grillaert (2021) vorgeschlagene relationale Ansatz zur Aggression bei Hunden. Statt Aggression isoliert als „Fehlverhalten" zu betrachten, wird sie als interaktives Muster verstanden, das aus der Beziehung zwischen Hund, Halter und Umwelt hervorgeht. Epigenetische Veränderungen – ausgelöst durch Stress, Unsicherheit oder mangelnde sichere Bindung – können die emotionale Reaktivität und somit auch die Wahrscheinlichkeit aggressiver Verhaltensweisen erhöhen. Umgekehrt kann eine sichere, vorhersehbare Beziehung mit feinfühligem Umgang helfen, diese Muster langfristig zu verändern, da Erfahrungen im sozialen Kontext auch epigenetische Prozesse beeinflussen.

Damit wird deutlich[276], dass Verhaltenstherapie bei Hunden nicht (nur) auf Trainingstechniken abzielen sollte, sondern auf Beziehungsqualität und soziale Stabilität. Epigenetische Plastizität eröffnet dabei die Perspektive, dass selbst Hunde mit belasteten frühen Erfahrungen durch neue, sichere soziale Erfahrungen langfristig Veränderungen in Stresssystemen und Verhaltensmustern erfahren können.

Liu, Li und Xuan (2024)[277] betonen in ihrer Arbeit über Epigenetik in der Heimtierzucht, dass frühe Umweltbedingungen, Stressbelastungen, Ernährung und Haltungsfaktoren stabile epigenetische Spuren im Genom von Tieren hinterlassen. Diese Veränderungen – etwa DNA-Methylierungen oder Histonmodifikationen – beeinflussen nicht nur physiologische Merkmale wie Wachstum, Fruchtbarkeit oder Immunsystem, sondern auch neurobiologische Prozesse, die für Verhalten und Stressbewältigung relevant sind.

Für Hunde bedeutet das: Epigenetische Mechanismen stellen eine Brücke zwischen genetischer Ausstattung und Umwelterfahrung dar. Die Autoren argumentieren, dass verantwortungsvolle Zuchtprogramme

---

276 Grillaert, K. M. (2021). Behavioral and epigenetic variations in differentially socialized dogs and a relational approach to aggression in pet dogs.

277 Liu, W., Li, X., & Xuan, J. (2024). Epigenetics in Pet Breeding: Current Insights and Future Perspectives. *International Journal of Molecular Zoology*, 14.

und frühe Aufzuchtbedingungen in der Lage sind, Resilienz zu fördern, indem sie stabile soziale Erfahrungen und eine stressarme Umwelt sicherstellen. So könnten bereits im Zucht- und Aufzuchtkontext Faktoren wie Mutter-Welpe-Interaktionen, Umweltreize und Bindungserfahrungen genutzt werden, um langfristig günstigere epigenetische Profile zu fördern, die sich in einem ausgeglichenen Stresshormonhaushalt, besserer emotionaler Regulation und resilienteren Verhaltensmustern niederschlagen.

Auch Awalt und Kollegen (2024) bestätigten, dass epigenetische Mechanismen bei Hunden eine Schlüsselrolle spielen. Frühe Stressoren „prägen" über diese Prozesse langfristig die neuronale Regulation von Stress und sozialem Verhalten. Das eröffnet neue Perspektiven für die hundeorientierte Verhaltenstherapie und für präventive Konzepte, die eine sichere Bindung und positive Lernerfahrungen in der frühen Lebensphase hervorheben.

Zunehmend rückt auch in der Tierverhaltensforschung die Erkenntnis in den Vordergrund, dass Stressantworten bei Haustieren nicht nur kurzfristige physiologische Anpassungen darstellen, sondern tief in molekulare und epigenetische Prozesse eingreifen. Sajjanar und Kollegen (2025)[278] beschreiben in ihrer Übersichtsarbeit, dass Veränderungen der Umweltbedingungen – etwa Lärm, Haltungsstress, soziale Isolation oder klimatische Belastungen – langfristige Spuren im Organismus hinterlassen. Diese Stressoren aktivieren zunächst klassische neuroendokrine Mechanismen und wiederholte oder chronische Aktivierung der Stressachse bewirkt epigenetische Veränderungen.

So können Umweltbelastungen die Genexpression in Nervenzellen langfristig verändern, ohne die DNA-Sequenz selbst zu verändern. Solche Veränderungen sind nach Sajjanar und Kollegen (2025) ein zentraler Mechanismus, durch den sich Stressanfälligkeit oder Resilienz über die Lebensspanne entwickeln und in die nächste Generation weitergeben.

---

278 Sajjanar, B., Krishnaswamy, N., Saxena, V. K., & Dhara, S. K. (2025). Stress Responses to Changing Environmental Factors in the Domestic Animals: An Epigenetic Perspective. *Journal of Animal Physiology and Animal Nutrition.*

18. Neurotransmitter

Neurotransmitter sind chemische Botenstoffe des Nervensystems, die an Synapsen die Signalübertragung zwischen Nervenzellen steuern. Sie sind essenziell für die Regulation von Stimmung, Motivation, Stressreaktionen und Verhalten[279]. Im Kontext von Stress und Trauma sind vor allem Dopamin, Serotonin, Noradrenalin und Gamma-Aminobuttersäure (GABA) von Bedeutung, da sie direkt an der Balance zwischen erregenden und hemmenden Prozessen im zentralen Nervensystem beteiligt sind. Zhang und Kollegen (2023) fanden heraus, dass ein Ungleichgewicht mehrerer Neurotransmittersysteme – darunter Dopamin, Serotonin, Glutamat und GABA – zu depressionsähnlichem Verhalten und kognitiven Beeinträchtigungen führt.

Dopamin wird vor allem mit Belohnung, Motivation und zielgerichtetem Verhalten in Verbindung gebracht. Chronischer Stress kann die dopaminerge Signalübertragung im mesolimbischen System beeinträchtigen, was zu Antriebslosigkeit oder veränderter Belohnungsverarbeitung führt. Serotonin spielt eine zentrale Rolle bei Stimmungslage und Impulskontrolle; ein Ungleichgewicht kann zu Ängstlichkeit und Depressionstendenzen beitragen. Noradrenalin ist eng mit der Stressantwort verknüpft und sorgt für erhöhte Wachsamkeit, Herzfrequenzsteigerung und Energiebereitstellung – bei chronischer Überaktivierung kann es jedoch Hypervigilanz und Angst fördern. GABA als wichtiger hemmender Neurotransmitter wirkt beruhigend auf das neuronale Netzwerk und schützt vor Übererregung; eine Dysregulation kann zu erhöhter Anspannung und Stressanfälligkeit führen[280].

279 Zhang, M., Liu, L. Y., Xu, Y., Wang, W. Z., Qiu, N. Z., Zhang, F. F., ... & Wang, H. (2023). Imbalance of multiple neurotransmitter pathways leading to depression-like behavior and cognitive dysfunction in the triple transgenic mouse model of Alzheimer disease. *Metabolic Brain Disease*, 38(7), 2465 – 2476.

280 Krishnan, V., & Nestler, E. J. (2018). The molecular neurobiology of depression. *Nature*, 455(7215), 894 – 902.

Studien zeigen, dass frühe sichere Bindungserfahrungen oder therapeutische Interventionen die Aktivität von Neurotransmittern langfristig modulieren und epigenetisch beeinflussen können[281].

Studien

Cocco und Kollegen (2023)[282] untersuchten den Zusammenhang zwischen Neurotransmittern und Schilddrüsenhormonen (T3 und T4) im Blut von Hunden. Ziel war es, zu prüfen, ob bestimmte hormonelle und neurochemische Muster mit bestimmten Verhaltensmerkmalen (z. B. ängstlich, aggressiv oder ruhig) in Verbindung stehen. Die Ergebnisse deuten darauf hin, dass es eine Wechselwirkung zwischen Neurotransmittern und Schilddrüsenhormonen gibt, die das Verhaltensprofil (behavioral phenotype) von Hunden beeinflussen. Hunde mit unterschiedlichen Verhaltensmustern zeigten unterschiedliche Hormon- und Neurotransmitterkonzentrationen im Blut. Das könnte langfristig dazu beitragen, Verhaltenstherapien individueller und gezielter zu gestalten – etwa durch Berücksichtigung des Hormon- und Neurotransmitterstatus.

Die Studie von Schmidt und Kollegen (2023)[283] untersuchte, ob sich das Verhalten von Hunden mit der Konzentration bestimmter Neurotransmitter im Urin in Verbindung bringen lässt. Ziel war es, herauszufinden, ob eine nicht-invasive Urinanalyse genutzt werden kann, um Verhaltensauffälligkeiten bei Hunden besser zu verstehen oder sogar vorherzusagen. In der Studie wurden Urinproben auf verschiedene Neurotransmitter wie Serotonin, Dopamin, Noradrenalin und GABA analysiert und mit den Ergebnissen aus standardisierten Verhaltensbeurteilungen der Hunde verglichen. Die Ergebnisse zeigten Zusammenhänge zwischen bestimmten Neurotransmitterprofilen und spezifischen Verhaltensmerkmalen, z. B. Ängstlichkeit, Aggression oder Erregbarkeit. Das

281 Moccia, L., Treccani, G., & Popoli, M. (2023). Stress, resilience, and the role of neurotransmitters. *Progress in Neurobiology*, 225, 102998.

282 Cocco, R., Arfuso, F., Giannetto, C., Piccione, G., Cesarani, A., Pulina, G., & Sechi, S. (2023). A preliminary study on the interplay between the serum levels of neurotransmitters and thyroid hormones for the evaluation of the behavioral phenotype of dogs. *Animals*, 13(3), 411.

283 Schmidt, T., Meller, S., Talbot, S. R., Packer, R. M. A., & Volk, H. A. (2023). Urinary neurotransmitter analysis and canine behavior assessment. *Frontiers in Veterinary Science*, 10, 1124231.

wäre eine nicht-invasive Möglichkeit einen Baustein von Verhalten in Erfahrung zu bringen.

Der Fokus bei González-Martínez und Kollegen (2023) lag auf dem Zusammenhang zwischen Serotonin- und Dopaminwerten im Blut und ADHS-ähnlichem Verhalten bei Hunden. Solche Hunde zeigen Symptome wie starke Unruhe, geringe Aufmerksamkeitsspanne, Impulsivität und Schwierigkeiten in der Selbstkontrolle. Sie fanden heraus, dass Hunde mit ADHS-ähnlichem Verhalten signifikant niedrigere Serotonin- und Dopaminwerte aufwiesen als die Kontrollgruppe. Diese Ergebnisse entsprechen ähnlichen Befunden beim Menschen mit ADHS, bei dem ebenfalls ein Ungleichgewicht dieser Neurotransmitter eine Rolle spielt.

Auch bei posttraumatischen Belastungsstörungen (PTBS) spiegeln sich neurobiologische Veränderungen wider. Pashnin und Altman[284] (2025) fanden, dass sich bei PTBS Betroffenen signifikante Veränderungen im Neurotransmitter-Metabolismus sowie erhöhte Entzündungsmarker zeigen. Dabei werden insbesondere Dysbalancen in serotonergen und dopaminergen Systemen beschrieben, die mit Hyperarousal, Angst und Stimmungsschwankungen korrelieren. Hormonelle Veränderungen beeinflussen die Synthese und den Abbau von Neurotransmittern: Serotonin und Dopamin werden vermehrt verbraucht oder unzureichend resynthetisiert, was zu einer Schwächung der inhibitorischen und regulativen Netzwerke im Gehirn führt. Parallel fanden Pashnin und Altman (2025) Hinweise auf erhöhte Werte proinflammatorischer Zytokine (z. B. Interleukin -6, TNF -α), die eine Neuroinflammation hervorrufen (siehe Seite 180 ff.).

Ogłodek (2022) konnte in seiner Studie zeigen, dass sich die Serumkonzentrationen von Botenstoffen nach traumatischen Erfahrungen zwischen stressresilienten und stressanfälligen Individuen deutlich unterscheiden. Stressresiliente Probanden wiesen höhere Basalwerte von Tryptophan und Serotonin auf und zeigten nach einer traumatischen Belastung eine schnellere Normalisierung. Das deutet darauf hin, dass eine effizientere Nutzung des serotonergen Systems mit einer besseren Emotionsregulation und geringeren langfristigen Stressfolgen einher-

284 Pashnin, S. L., & Altman, D. S. (2025). Neurotransmitter Metabolism and Inflammation Markers in Posttraumatic Stress Disorder in Modern War Veterans. *Russian Journal of Immunology.*

geht. Ein ausgewogenes Zusammenspiel von Neurotransmittervorstufen (wie Tryptophan), deren Stoffwechselwegen und einer gut regulierten hormonellen Stressantwort scheint ein Schutzfaktor gegenüber langfristigen stressbedingten Störungen zu sein[285].

Diese Ergebnisse unterstreichen die Notwendigkeit nicht nur psychologische Interventionen, sondern auch biologische und immunologische Mechanismen in Diagnostik und Therapie einzubeziehen.

Geschlechtsspezifische Unterschiede

Die Regulation von Stress, Resilienz und emotionalem Verhalten wird nicht nur durch klassische Neurotransmitter wie Serotonin oder Dopamin beeinflusst, sondern auch durch Sexualhormone und Neurosteroide, die eng mit glutamatergen Netzwerken im Gehirn interagieren. Östrogene, Progesteron und Androgene greifen in die Synapsenplastizität, die kalziumabhängige Signalübertragung und die Dichte glutamaterger Rezeptoren ein[286]. Diese Prozesse spielen eine wichtige Rolle bei der Stressadaptation: Östrogene wirken neuroprotektiv und können über die Förderung dendritischer Dornenbildung im präfrontalen Kortex und im Hippokampus die kognitive Flexibilität steigern.

Neurosteroide wie Allopregnanolon beeinflussen das Gleichgewicht zwischen aktivierenden (glutamatergen) und beruhigenden (GABAergen) Botenstoffen im Gehirn. Dieses Gleichgewicht ist wichtig für die emotionale Stabilität und den Umgang mit Angst.

Bei chronischem Stress zeigen sich geschlechtsspezifische Unterschiede, die mit dem Hormonhaushalt zusammenhängen. Besonders bei Hündinnen können hohe Östrogenspiegel dazu beitragen, dass sie widerstandsfähiger gegenüber stressbedingten Problemen sind.

---

285 Ogłodek, E. A. (2022). Changes in the serum concentration levels of serotonin, tryptophan and cortisol among stress-resilient and stress-susceptible individuals after experiencing traumatic stress. *International Journal of Environmental Research and Public Health*, 19(24), 16517.

286 Goyette, M. J., Murray, S. L., Saldanha, C. J., & Holton, K. (2023). Sex hormones, neurosteroids, and glutamatergic neurotransmission: A review of the literature. *Neuroendocrinology*, 113(9), 905 – 914. https://doi.org/10.1159/000529874

Wenn dieses fein abgestimmte System – etwa durch anhaltenden Stress oder traumatische Erfahrungen – aus dem Gleichgewicht gerät, kann das die Glutamat-Balance stören. Die Folge können langfristige Veränderungen im Gedächtnis, in der Stimmung und im Verhalten des Hundes sein.

Rüden weisen im Vergleich zu Hündinnen eine andere Grundausstattung an Androgenen wie Testosteron auf, die unter Stressbedingungen sowohl protektive als auch verhaltensmodulierende Effekte haben. Testosteron kann die Stressantwort dämpfen, indem es die Ausschüttung von Cortisol hemmt und die Erregung im Gehirn beeinflusst[287]. Bei unkastrierten Rüden zeigt sich daher in verschiedenen Studien eine stabilere Herzfrequenzvariabilität und schnellere Rückkehr in den Parasympathikus nach akuten Belastungen, was auf eine effizientere autonome Regulation hinweist[288].

Hündinnen hingegen unterliegen zyklusbedingten Schwankungen der Östrogen- und Progesteronspiegel. Östrogene fördern die synaptische Plastizität und die kognitive Flexibilität, wodurch Hündinnen in bestimmten Zyklusphasen eine verbesserte Lern- und Anpassungsfähigkeit zeigen. In der Metestrus-Phase des Zyklus – also der Zeit nach der Läufigkeit – ist bei Hündinnen der Progesteronspiegel besonders hoch. In dieser Phase reagieren Hündinnen sehr empfindlich auf Stress. Das liegt daran, dass das Gehirn – vor allem die Amygdala (das Angst- und Alarmzentrum) – in dieser Zeit stärker auf Reize anspricht und gleichzeitig mehr Cortisol (Stresshormon) ausgeschüttet wird[289].

Das bedeutet: Hündinnen reagieren je nach Zyklusphase unterschiedlich auf Umweltstress, was sich z. B. im Verhalten, in der Konzentration oder im Umgang mit neuen Situationen zeigen kann. Bei der Hündin verläuft der Sexualzyklus in mehreren Phasen, wobei die Läufigkeit und die darauffolgende hormonelle Umstellungsphase weitreichende Auswirkungen auf Körper und Verhalten haben können. Die hormonelle Si-

---

287 Möstl, E., & Palme, R. (2022). Hormones as indicators of stress. *Domestic Animal Endocrinology*, 79, 106650.

288 Beerda, B., Schilder, M. B. H., van Hooff, J. A. R. A. M., de Vries, H. W., & Mol, J. A. (2018). Chronic stress in dogs subjected to social and spatial restriction. *Physiology & Behavior*, 66(2), 243–254.

289 Fukushima, H., Zhang, Y., Archbold, G., et al. (2020). Estrogen-dependent regulation of amygdala function under stress. *Frontiers in Behavioral Neuroscience*, 14, 50.

tuation führt dazu, dass der Körper der Hündin sich auf eine Trächtigkeit einstellt – selbst wenn keine Befruchtung vorliegt. In der Folge kommt es häufig zur sogenannten Scheinträchtigkeit. Dabei zeigen Hündinnen nicht nur körperliche Symptome wie Milchbildung und Anschwellen der Milchdrüsen, sondern auch deutlich verändertes Verhalten, das dem einer tragenden oder laktierenden Hündin ähnelt: Nestbau, übermäßiges Kümmern um Spielzeug oder Stofftiere, erhöhte Anhänglichkeit, Reizbarkeit und mitunter auch Aggression.

Diese hormonell gesteuerte Verhaltensänderung stellt für viele Hündinnen eine erhebliche psychobiologische Belastung dar. Auf neurologischer Ebene sind vor allem das limbische System, der Hypothalamus sowie das dopaminerge System involviert. Progesteron und später Prolaktin wirken direkt auf diese Strukturen und beeinflussen das emotionale Gleichgewicht. Ein Ungleichgewicht in der Prolaktinkonzentration kann beispielsweise depressive Symptome oder gesteigerte Erregbarkeit hervorrufen. Zudem führt chronischer hormoneller Stress zur Aktivierung der HPA-Achse, was langfristig mit einem erhöhten Cortisolspiegel einhergehen kann – ein Zustand, der sich negativ auf Immunsystem, Schlafverhalten und soziale Interaktionen auswirkt.

Diese geschlechtsspezifischen Unterschiede sind verhaltensbiologisch und neuroendokrinologisch hoch relevant: Training, Therapie und Haltungsbedingungen sollten individuell auf das hormonelle Profil des Hundes abgestimmt werden. So kann eine geschlechtersensible Betrachtung – etwa die Berücksichtigung des Zyklus bei Hündinnen und die Evaluierung des Kastrationsstatus – dazu beitragen, Stress besser zu regulieren und die Resilienz des Hundes zu fördern.

19. Traumainformierter Umgang in der Arbeit mit Hunden

Ein traumainformierter Umgang mit Hunden bedeutet, dass wir ihre Erfahrungen mit Stress, Angst oder Verletzungen anerkennen. Wir brauchen ein tiefes Verständnis dafür, wie Trauma Verhalten, Emotionen und körperliche Reaktionen beeinflusst.

Trauma und Hundehaltung: Herausforderungen und Chancen

Was haben wir bisher mitnehmen dürfen? Oft wird Trauma mit extremen Einzelerlebnissen wie Gewalt assoziiert. Doch viele alltägliche Situationen sind für Hunde überwältigend und damit potenziell traumatisch – insbesondere, wenn sie wiederholt und ohne Möglichkeit zur Selbstregulation oder Flucht erlebt werden. Die neuere Traumaforschung spricht hier von „Entwicklungstrauma" oder „komplexem Stress", der nicht auf ein einzelnes Ereignis zurückgeht, sondern auf anhaltende Überforderung des Nervensystems[290].

Es ist unerlässlich, dass wir uns unserer Verantwortung im Umgang mit unseren Hunden bewusst werden und verstehen, dass jede Form von Gewalt – ob aktiv oder passiv – negative Auswirkungen auf unseren Hund hat. Dies bedeutet nicht nur, aktive Gewalt zu unterbinden, sondern auch, zu erkennen, wann Gewalt in irgendeiner Form zugelassen oder geduldet wird (Tierarzt, Trainer, Hundefrisör) und diese anzusprechen und zu verändern.

---

290 Hiller, R., & Hensel, T. (2019). *ResonaT-Ressourcenorientierte narrative Traumatherapie: Kindern und Jugendlichen mit komplexen Traumafolgestörungen helfen.* Vandenhoeck & Ruprecht.

Ein besseres Verständnis für das Verhalten unserer Hunde ist entscheidend. Wir sollten kontinuierlich unser Wissen darüber erweitern, wie Hunde kommunizieren und welche Bedürfnisse sie haben. Durch gezielte Ausbildung und Schulung können wir lernen, wie wir Konflikte und schwierige Situationen mit unseren Hunden gewaltfrei und respektvoll lösen können. Dazu gehört auch, ein tiefes Verständnis für die Körpersprache, die Emotionen und die spezifischen Bedürfnisse unseres Hundes zu entwickeln.

Förderung von Kooperation statt Konfrontation

Anstatt Gewalt anzuwenden, sollten wir den Fokus auf Kooperation und eine harmonische Beziehung legen. Hunde reagieren positiv auf klare Kommunikation und positive Verstärkung. Wir müssen uns darauf konzentrieren, durch konstruktive Maßnahmen das gewünschte Verhalten zu fördern, anstatt durch Strafen zu versuchen, unerwünschtes Verhalten zu unterdrücken.

Reduzierung von Gewalt im Alltag

Die tägliche Auseinandersetzung mit unseren Hunden muss gewaltfrei gestaltet werden. Das bedeutet, dass wir in jeder Situation prüfen müssen, wie wir durch unser Verhalten den Hund unterstützen können, anstatt ihm zu schaden. Jede Form von physischer oder psychischer Gewalt hinterlässt Spuren und kann das Vertrauen und die Bindung zwischen Mensch und Hund langfristig zerstören.

Die Verantwortung, die wir im Umgang mit unseren Hunden tragen, erfordert von uns ein kontinuierliches Reflektieren, Lernen und Handeln. Indem wir Gewalt erkennen, verhindern und reduzieren, fördern wir das Wohlbefinden unserer Hunde und tragen zu einer respektvollen und gesunden Beziehung bei. Dies erfordert ständige Achtsamkeit und die Bereitschaft, unsere eigenen Verhaltensweisen zu hinterfragen und zu verbessern.

Beispiele für überfordernde Alltagssituationen bei Hunden:

- **Ständige Reizüberflutung**, z. B. Lärm, Gerüche, Menschenmengen, Autos
- **Frustration im Training**, z. B. durch zu hohe Anforderungen, Druck, Korrekturen oder Unverständnis
- **Isolation**, z. B. durch zu langes Alleinsein, Einsperren, Bestrafen
- **Raues oder inkonsistentes Handling**, z. B. ständiges Anleinen, Ziehen, Akzeptanz körperlicher und emotionaler Gewalt im Hundetraining
- **Übergriffige Begegnungen** mit Menschen oder anderen Hunden
- **Unklare Kommunikation** oder permanente Stimmungsschwankungen beim Menschen
- **Medizinische Eingriffe**, die angstbesetzt sind und nicht aufgearbeitet werden

Warum so viele Hunde unter Stress und Trauma leiden – eine unterschätzte Realität

Es gibt keine exakte Zahl, wie viele Hunde in Deutschland oder weltweit traumatisiert oder chronisch gestresst sind – aber Verhaltensstudien und Umfragen deuten darauf hin, dass ein erheblicher Anteil betroffen ist:

- Laut einer Studie von Tiira & Lohi (2016) zeigen über 70 % der Hunde mindestens ein angstbasiertes Verhalten (z. B. Geräuschangst, Trennungsstress, Aggression aus Unsicherheit)[291].

---

291 Tiira, K., & Lohi, H. (2015). Early life experiences and exercise associate with canine anxieties. *PloS one*, 10(11), e0141907.

- Viele Tierschutzhunde und Zuchthündinnen bringen Vorerfahrungen mit, die als traumatisch gelten können.

- Traumata bei Hunden betreffen viele verschiedene Alters- und Rassegruppen. Neben den physischen Verletzungen können Traumata auch langfristige Auswirkungen auf das Verhalten und das Wohlbefinden der Hunde haben[292].

- Viele speziell ausgebildete und trainierte Hunde sind durch ihre Einsätze erheblichen Belastungen ausgesetzt. Etwa 15 – 30 % der untersuchten Hunde zeigen nach Einsätzen Anzeichen von Angststörungen. **70 % der Hunde** hatten eine erhöhte Herzfrequenz, und erhöhte Cortisolwerte[293]. Maximal 50 % aller Einsätze werden aktuell von Haltern mit traumaspezifischem Wissen begleitet.

- Aber auch Hunde aus „normaler" Haltung können durch gut gemeinte, aber falsch verstandene Erziehung chronisch überfordert werden – z. B. durch aversives Training, übermäßige Anforderungen oder die Missachtung körpersprachlicher Signale.

Trauma ist kein Randphänomen. Viele Hunde erleben im Alltag Situationen, die für sie nicht bewältigbar sind – und das oft unbemerkt. Dabei geht es nicht um große Katastrophen, sondern um die Summe kleiner, ständiger Überforderungen und Gewalterfahrungen, die das Nervensystem überlasten. Das erklärt, warum auch ganz „normale" Hunde plötzlich unerklärliche Verhaltensweisen zeigen – von Rückzug über Reaktivität bis zur vollständigen Abschaltung.

Ein traumasensibler Alltag, ein achtsamer Umgang im Training und ein Bewusstsein für die feinen Zeichen von Überforderung sind daher entscheidend – für alle Hunde, mit denen wir leben.

292 Hall, K. E., Holowaychuk, M. K., Sharp, C. R., & Reineke, E. (2014). Multicenter prospective evaluation of dogs with trauma. *Journal of the American Veterinary Medical Association*, 244(3), 300 – 308.

293 Salden, S., Wijnants, J., Baeken, C., Saunders, J. H., & De Keuster, T. (2023). Disaster response and its aftermath: A systematic review of the impact of disaster deployment on working dogs. *Applied Animal Behaviour Science*, 265, 105987.

Verstehen, was verletzt: Trauma in der Hundehaltung

Das Vorhandensein von Trauma bei Hunden stellt sowohl eine Herausforderung als auch eine Chance in der Hundehaltung dar. Studien belegen, dass traumatische Erfahrungen bei Hunden tiefgreifende Auswirkungen auf ihr Verhalten, ihre emotionale Entwicklung und ihre Fähigkeit zur Bindung haben können.[294] Das bedeutet, dass wir als ihre Menschen folgende Herausforderungen meistern müssen:

1. **Verhaltensauffälligkeiten:** Traumatisierte Hunde zeigen häufig Verhaltensweisen wie Angst, Aggression, Rückzug oder Hypervigilanz . Diese Verhaltensweisen erschweren die Integration in neue Umgebungen und die Beziehung zu ihren Menschen.

2. **Beeinträchtigte Bindungsfähigkeit:** Traumata können die Fähigkeit des Hundes, stabile und vertrauensvolle Bindungen aufzubauen, erheblich beeinträchtigen. Dies führt zu Unsicherheiten und Schwierigkeiten in der sozialen Interaktion.

3. **Erhöhter Stresslevel:** Durch die neurobiologischen Veränderungen im Gehirn, insbesondere im Zusammenhang mit der HPA-Achse, sind traumatisierte Hunde oft dauerhaft stressbelastet. Dies kann die körperliche und psychische Gesundheit des Hundes langfristig beeinträchtigen.

4. **Herausforderungen in der Haltung:** Die Betreuung traumatisierter Hunde erfordert spezielle Kenntnisse und einen sensiblen Umgang, um Rückschläge zu vermeiden und den Hund nicht weiter oder wieder zu traumatisieren.

---

294 Corridan, C. L., Dawson, S. E., & Mullan, S. (2024). Potential benefits of a 'Trauma-Informed Care' approach to improve the assessment and management of dogs presented with anxiety disorders. *Animals, 14*(3), 459.; Jones, E. (2023). Cooperative care for companion dogs: emotional health and wellness. *Companion Animal, 28*(7), 1-6.; Salden, S., Wijnants, J., Baeken, C., Saunders, J. H., & De Keuster, T. (2023). Disaster response and its aftermath: A systematic review of the impact of disaster deployment on working dogs. *Applied Animal Behaviour Science*, 265, 105987.

Andererseits bieten sich vielfältige Chancen um unseren Hunden zu helfen, sie zu unterstützen und zu stärken:

Therapeutische Potenziale: Die Arbeit mit traumatisierten Hunden bietet die Möglichkeit, durch gezielte positive Verstärkung, Geduld und eine sichere Umgebung, neurobiologische Veränderungen zu fördern und die Resilienz des Hundes zu stärken.

Verstärkte Empathie und Verantwortungsbewusstsein: Die Beschäftigung mit traumatisierten Hunden fördert das Verständnis für die individuellen Bedürfnisse und die Entwicklung eines einfühlsamen Umgangs, was langfristig zu einer verbesserten Hund-Mensch-Beziehung führt.

Prävention und Aufklärung: Das Bewusstsein für die Auswirkungen von Trauma kann dazu beitragen, präventive Maßnahmen in der Hundehaltung zu entwickeln, z. B. durch sorgfältige Auswahl, soziale Frühförderung und stressreduzierende Umgebungen.

Innovative Trainingsansätze: Wissenschaftlich fundierte Methoden, Verhaltenstherapie und Umweltanpassungen bieten Chancen, traumatisierten Hunden zu helfen, ihre Lebensqualität zu verbessern.

20. Interventionen & Therapieansätze bei Trauma / zur Traumaprävention

Psychodynamische Verfahren zielen klassisch darauf ab, unbewusste Konflikte, abgespaltene Anteile und fragmentierte Selbstrepräsentanzen zu integrieren. Bei Hunden steht eine direkte „Verbalisierung" innerer Konflikte naturgemäß nicht zur Verfügung; dennoch lassen sich Kerngedanken – Affektregulation, Bindungssicherheit, Nachreifung von Stress- und Annäherungssystemen – ethologisch und lerntheoretisch nutzen. Im Tierbereich gewinnt ein „traumasensibler" Rahmen an Bedeutung: sichere Kontexte, Vorhersagbarkeit, Wahlmöglichkeiten, graduierte Exposition, co-regulative Mensch-Hund-Interaktionen und die systematische Vermeidung von Retraumatisierung. Dieser Trauma-informed-Care-Ansatz ist für Hunde jüngst explizit diskutiert worden und knüpft an humanpsychotherapeutische Prinzipien an, ohne sie 1:1 zu übertragen.[295]

Während die Psychotraumatologie beim Menschen in den letzten Jahrzehnten enorme Fortschritte gemacht und evidenzbasierte Methoden wie die traumafokussierte kognitive Verhaltenstherapie (TF-KVT) etabliert hat,[296] befindet sich die systematische Erforschung und Anwendung solcher Ansätze in der Tierverhaltenstherapie noch in einer frühen, aber vielversprechenden Phase.

Evidenzbasierte verhaltenstherapeutische Ansätze – wie systematische Desensibilisierung, gezielte Gegenkonditionierung, gutes Management und gegebenenfalls der Einsatz von Medikamenten – gelten derzeit als

---

295 Corridan, C. L. (2024). Trauma-Informed Care: treating anxious and fearful patients. *Veterinary Ireland Journal, 14*(3).

296 Ehlers, A., & Clark, D. M. (2000). A cognitive model of posttraumatic stress disorder. *Behaviour research and therapy, 38*(4), 319-345. ; Ehring, T. (2019). Kognitive Verhaltenstherapie. In *Traumafolgestörungen* (pp. 249-274). Berlin, Heidelberg: Springer Berlin Heidelberg.; Dörr, J. Mit vier Pfoten zurück ins Leben.

die wirksamsten Methoden bei Angstverhalten, Geräuschsensibilität und traumaähnlichen Störungen beim Hund.

Insbesondere bei Geräuschangst zeigt die Fachliteratur, dass eine Kombination aus Reizkontrolle (z. B. Schutz vor unvorhersehbaren Lärmereignissen), schrittweiser Gewöhnung (Exposition) und – wenn nötig – angstlösenden Medikamenten (Anxiolytika) den größten Erfolg bringt.

In solchen Fällen können auch sogenannte „imaginative" Elemente hilfreich sein – also innere Vorwegnahmen sicherer Situationen. Diese werden vom Hund nicht sprachlich, sondern über klare, ritualisierte Abläufe erlernt, etwa durch feste Sicherheitsroutinen oder vorhersehbare Handlungen, die emotional beruhigend wirken.

Die besondere Herausforderung liegt darin, therapeutische Prinzipien aus der Traumatherapie so auf Hunde zu übertragen, dass sie ohne Sprache und bewusste Selbstreflexion wirken können. Hunde können ihre Ängste nicht verbal verarbeiten oder kognitiv „umdenken". Daher stehen lerntheoretische und emotionsbezogene Methoden im Vordergrund: gezielte, kontrollierte Konfrontation mit dem angstauslösenden Reiz, langsame Desensibilisierung und der Aufbau eines sicheren, stabilen Umfelds sind entscheidend für den Erfolg einer Therapie.

Moderne Trainingsansätze kombinieren klassische und operante Konditionierung mit bindungsfördernden Elementen. Ziel ist es, die Selbstregulationsfähigkeit des Hundes zu stärken und neue, positive Verknüpfungen mit zuvor angstauslösenden Situationen aufzubauen. Dabei wird nicht nur das Verhalten trainiert, sondern auch die Beziehung zwischen Mensch und Hund gezielt genutzt, um Sicherheit und Orientierung zu vermitteln.

Eine gezielte pharmakologische Unterstützung kann dabei helfen, die Reizverarbeitung des Hundes zu erleichtern. Sie schafft gewissermaßen ein „offenes Fenster", in dem bindungs- und beziehungsorientierte Maßnahmen besser wirken können. Gerade bei akut auftretender, situationsgebundener Angst – etwa beim Transport oder beim Tierarztbesuch – zeigen sich moderate, aber vielversprechende Ergebnisse für den Einsatz präsitzungsbezogener Medikamente wie Trazodon, Gabapentin, Dexmedetomidin (OTM) oder Benzodiazepinen. Kontrollierte

Studien berichten von reduzierten Stressreaktionen, weniger Abwehrverhalten und einer insgesamt besseren Durchführbarkeit von Untersuchungen oder Behandlungen.

Solche medikamentös unterstützten Zeitfenster lassen sich gezielt für therapeutische Interventionen nutzen – etwa für bindungsfördernde Mensch-Hund-Interaktionen, beruhigende Berührungen im Sinne einer Co-Regulation oder strukturiertes Ruhetraining. So entsteht ein günstiger Rahmen, in dem der Hund neue Erfahrungen machen kann, ohne von Angst blockiert zu werden.

Was bedeutet „Psychodynamik" im Kontext der Hundeverhaltenstherapie konkret? Im Zentrum steht die Arbeit an Beziehung, emotionaler Vorhersagbarkeit und der Integration innerer Spannungszustände. Der Mensch übernimmt dabei die Rolle eines „sicheren Hafens" – eine verlässliche Bezugsperson, die durch fein abgestimmte, konsistente Co-Regulation dazu beiträgt, die Erregungstoleranz des Hundes zu erhöhen. Das bedeutet: Der Hund lernt, mit inneren Spannungen, Unsicherheit oder Stress besser umzugehen, weil der Mensch als emotional stabilisierender Anker wirkt.

Praktisch geschieht dies durch ruhige, gemeinsame Aktivitäten, die weder überfordern noch unterfordern – etwa geführte Nasenarbeit, sinnvolles Enrichment oder soziale Interaktionen mit klaren, verständlichen Signalen. Auch strukturierte Berührungen und Elemente aus der Körperarbeit (z. B. bewusste Kontaktaufnahmen oder Massage) wirken dabei wie nicht-sprachliche, „imaginative" Interventionen. Sie erzeugen korrigierende emotionale Erfahrungen: Der Hund erfährt, dass Nähe sicher, Interaktion vorhersehbar und die Umwelt kontrollierbar ist. Solche Erfahrungen tragen dazu bei, dass sich die inneren Modelle des Hundes verändern – also seine Erwartungen darüber, wie er selbst, andere und die Welt miteinander in Beziehung stehen („Selbst-, Fremd- und Weltkontingenzen").

Diese Perspektive wird auch durch aktuelle Forschung gestützt: Studien zur Mensch-Hund-Co-Regulation zeigen, dass sich Herzratenvariabilität und Verhalten von Mensch und Hund gegenseitig beeinflussen. Diese biologischen Rückkopplungen gelten als messbare Indikatoren gelungener emotionaler Co-Regulation – und bestätigen, dass der Aufbau einer sicheren, feinfühligen Beziehung tatsächlich tiefgreifende Wirkung auf das emotionale Erleben und Verhalten des Hundes haben kann.

Diese Übertragung von Erkenntnissen aus der humanen Traumatherapie auf den Hund eröffnet nicht nur neue Perspektiven in der tierärztlichen Verhaltensmedizin, sondern wirft auch grundlegende Fragen auf: Wie definiert man Trauma beim Tier? In welchem Ausmaß lassen sich Modelle der menschlichen Psychologie auf Hunde anwenden? Und welche Rolle spielt dabei die Mensch-Hund-Beziehung als therapeutischer Faktor?

Die traumafokussierte kognitive Verhaltenstherapie (TF-KVT)

Die traumafokussierte kognitive Verhaltenstherapie (TF-KVT) stellt eine evidenzbasierte Methode zur Behandlung der Posttraumatischen Belastungsstörung (PTBS) und anderer traumabezogener Störungen dar. Sie wird in der aktuellen S 3-Leitlinie zur Behandlung der PTBS (2019) als Erstlinientherapie empfohlen (Deutsche Gesellschaft für Psychotraumatologie[297] [DeGPT], 2019). Ein zentraler Bestandteil der TF-KVT ist die kognitive Umstrukturierung, wie sie von Ehlers und Clark (2000) beschrieben wurde. Dieser Ansatz zielt darauf ab, dysfunktionale Überzeugungen und Bewertungen in Bezug auf das Trauma und dessen Folgen zu verändern. Betroffene neigen häufig dazu, das Trauma als anhaltende Bedrohung zu interpretieren, wodurch Symptome wie Hyperarousal, Intrusionen oder Vermeidungsverhalten aufrechterhalten werden. Durch die gezielte Neubewertung traumatischer Erinnerungen und die Modifikation negativer Gedankenmuster kann die wahrgenommene Bedrohung reduziert und die Verarbeitung des Traumas gefördert werden[298].

---

297 Deutsche Gesellschaft für Psychotraumatologie (DeGPT). (2019). *S3-Leitlinie Posttraumatische Belastungsstörung*. Retrieved from https://www.awmf.org/leitlinien/detail/ll/051-026.html

298 Ehlers, A., & Clark, D. M. (2000). A cognitive model of posttraumatic stress disorder. *Behaviour Research and Therapy*, 38(4), 319 – 345

Auch wenn Hunde nicht über ihre Erlebnisse sprechen können, lassen sich die zentralen Prinzipien dieser Methode auf ihre Bedürfnisse anpassen. Im Mittelpunkt steht dabei zunächst die Schaffung einer stabilen und sicheren Umgebung: feste Tagesstrukturen, verlässliche Bezugspersonen und Rückzugsorte geben dem Hund die notwendige Grundsicherheit. Darauf aufbauend erfolgt eine schrittweise und sehr behutsame Annäherung an Reize oder Situationen, die mit dem Trauma verknüpft sind. Diese sogenannte graduierte Exposition bedeutet, dass der Hund erst aus sicherer Entfernung und immer in entspannter Situation mit dem angstauslösenden Stimulus konfrontiert wird, während gleichzeitig positive Erfahrungen wie Futterbelohnung oder spielerische Interaktion stattfinden. Diese Vorgehensweise entspricht demjenigen, was in Übersichtsarbeiten zu Lärm- und Angstproblemen bei Hunden als wirksame Bausteine beschrieben wird – namentlich Desensibilisierung gepaart mit Gegenkonditionierung, Entspannungs-/Regulationstraining und bei Bedarf medikamentöser Unterstützung[299,300].

Mit der Zeit wird die Distanz reduziert, sodass der Hund lernt, dass der Auslöser keine unmittelbare Gefahr mehr darstellt. Ergänzend wird eine positive Gegenkonditionierung eingesetzt, bei der belastende Reize systematisch mit angenehmen Ereignissen verknüpft werden. Ziel ist es nicht, ein unerwünschtes Verhalten „abzutrainieren", sondern die emotionale Bedeutung des Erlebnisses so zu verändern, dass der Hund langfristig mehr innere Sicherheit und Gelassenheit entwickelt. Unterstützend können ritualisierte Beschäftigungsformen wie ruhige Nasenarbeit oder gemeinsame Entspannungsübungen eingesetzt werden, um die Fähigkeit zur Selbstberuhigung zu fördern. Die Durchführung einer TF-KVT beim Hund sollte immer in enger Zusammenarbeit mit verhaltenstherapeutisch geschulten Tierärzten oder spezialisierten Verhaltenstherapeuten erfolgen, da die Methode fachliche Begleitung erfordert und individuell an die jeweilige Vorgeschichte des Hundes angepasst werden muss[301]. Für Hunde, die schwere Misshandlungen, Vernachlässigung oder traumatische Einsätze erlebt haben, kann diese Form der

---

299 Riemer, S. (2023). Therapy and prevention of noise fears in dogs—a review of the current evidence for practitioners. *Animals*, 13(23), 3664.

300 McPeake, K., Affenzeller, N., & Mills, D. (2017). Noise sensitivities in dogs: a new licensed treatment option. *Veterinary Record*, 180(14), 353–355.

301 Chin, J. T., Poh, S. X., Fernandez, E. J., & Hazel, S. J. (2025). Turn the volume down: Noise hypersensitivity in dogs. *Journal of Veterinary Behavior*, 79, 75–82.

Therapie eine wertvolle Möglichkeit sein, traumabedingte Symptome wie übermäßige Schreckhaftigkeit, soziale Rückzugstendenzen oder anhaltende Übererregung nachhaltig zu verringern und ihre Lebensqualität deutlich zu verbessern.

Diese Ansätze zielen darauf ab, langfristig adaptive Verhaltens- und Reaktionsmuster aufzubauen, die es dem Hund ermöglichen, traumatische Erfahrungen besser zu verarbeiten.

Trauma informed Care (TIC)

Ein vielversprechender Ansatz ist Trauma informed Care (TIC), der in der Verhaltensmedizin zunehmend Beachtung findet. Dieser Ansatz betont Empathie, den Blick für unerkannte Traumata und die Förderung von Sicherheit – statt Schuld im Verhalten des Hundes zu sehen[302, 303].Es werden lerntheoretische und emotionale Basiselemente genutzt: kontrollierte Exposition, systematische Desensibilisierung und Gegenkonditionierung zur Umdeutung negativer Reize[304, 305].

Der Kern von TIC besteht darin, alle Interaktionen und Interventionen so zu gestalten, dass sie mögliche traumatische Vorerfahrungen berücksichtigen und Retraumatisierungen verhindern. Statt ausschließlich auf die sichtbaren Symptome wie Angst, Aggression oder Rückzug zu reagieren, stellt TIC die Frage: „Was ist diesem Hund widerfahren?" und nicht: „Was stimmt nicht mit ihm?". Dies markiert einen Paradigmenwechsel weg von reiner Symptombehandlung hin zu einem verstehenden und schützenden Rahmen, der Sicherheit, Vertrauen und Selbstwirksamkeit fördert.

---

302 Van der Kolk, B., Tolin, D. F., & Chemtob, C. M. (2022). Potential benefits of a 'trauma-informed care' approach to improve the assessment and management of dogs presented with anxiety disorders. *Animals*, 14(3), 459.

303 Corridan CL, Dawson SE, Mullan S. Potential Benefits of a 'Trauma-Informed Care' Approach to Improve the Assessment and Management of Dogs Presented with Anxiety Disorders. *Animals*. 2024; 14(3):459. https://doi.org/10.3390/ani14030459.

304 The Spruce Pets. (2023, April 18). What is desensitization and counterconditioning? Retrieved from website

305 Dog Behaviorist Near Me. (2024, March 29). Counterconditioning and desensitization training for dogs. Retrieved from website

Die praktische Anwendung bei Hunden beginnt mit der Schaffung einer vorhersehbaren, stabilen Umgebung. Dazu gehören klare Tagesstrukturen, verlässliche Bezugspersonen, feste Rückzugsorte und die Vermeidung von unnötigen Stressoren. Ein zentrales Prinzip ist die Wahlfreiheit: Der Hund erhält möglichst oft die Möglichkeit, selbst zu entscheiden, ob er eine Interaktion eingeht oder sich zurückzieht. Diese Autonomie wirkt regulierend und stärkt das Gefühl von Kontrolle, das nach traumatischen Erlebnissen häufig verloren gegangen ist.

Ein weiteres Kernelement ist die bewusste Gestaltung von Übergängen und Berührungspunkten: langsames Annähern, ankündigende Signale, klare Rituale beim Anleinen, Füttern oder Tierarztbesuchen helfen, die Vorhersagbarkeit zu erhöhen. Dabei wird Wert darauf gelegt, dass der Hund in jeder Phase „Nein" signalisieren darf, ohne negative Konsequenzen befürchten zu müssen. Positive Verstärkung, sanfte Belohnungsstrategien und kooperative Pflegehandlungen (z. B. Medical Training) sind eng mit TIC verknüpft, da sie Vertrauen aufbauen und die emotionale Belastung reduzieren.

TIC bedeutet außerdem, die Bezugspersonen aktiv einzubinden und zu schulen. Sie lernen, subtile Stressanzeichen frühzeitig zu erkennen, sich selbst zu regulieren und in belastenden Momenten als „sicherer Hafen" zu fungieren. Studien zeigen, dass die physiologische und emotionale Co-Regulation zwischen Mensch und Hund eine Schlüsselrolle spielt: Eine ruhige, verlässliche Bezugsperson kann die Herzratenvariabilität des Hundes positiv beeinflussen und so eine stabile Grundlage für weitere therapeutische Maßnahmen schaffen.

In der Verhaltenstherapie bildet TIC häufig den Rahmen für spezifischere Interventionen wie Desensibilisierung, Gegenkonditionierung oder traumafokussierte Trainingsprogramme. Es geht also nicht um eine einzelne Methode, sondern um eine Grundhaltung, die sich durch alle Maßnahmen zieht: Trauma-Informed Care fragt immer zuerst nach Sicherheit und Bindung, bevor es an Verhaltenstraining oder Exposition geht. Dadurch wird das Risiko von Rückschlägen verringert und die Bereitschaft des Hundes, neue Erfahrungen zu machen, deutlich erhöht.

(V)EMDR bei Hunden – Ein innovativer Therapieansatz

EMDR (Eye Movement Desensitization and Reprocessing) ist ein etabliertes Verfahren zur Behandlung von Traumafolgestörungen beim Menschen. Es basiert auf bilateraler Stimulation (z. B. geführte Augenbewegungen, taktile oder auditive Reize), um traumatische Erinnerungen zu verarbeiten und neu zu vernetzen. Dieses „Nachverarbeiten" kann zu einer deutlichen Entlastung der Symptome führen.

Da Tiere – und Hunde im Speziellen – nicht sprachlich reflektieren oder bewusst in Erinnerungen zurückgehen können, wurde EMDR für Tiere modifiziert: Daraus entstand **VEMDR,** eine körperorientierte, bindungsbasierte und ressourcenstärkende Methode zur Regulation von Angst, Trauma, chronischem Stress und reaktiven Verhaltensmustern.

VEMDR kombiniert mehrere therapeutische Prinzipien:

1. Bilaterale Stimulation

Durch rhythmische Reize (z. B. abwechselnde Berührungen links-rechts, sanftes Tappen, visuelle oder akustische Reize) wird eine beidseitige Hirnaktivierung angeregt. Das soll die emotionale Verarbeitung verbessern – ähnlich wie beim Menschen.

2. Verankert in einem sicheren Beziehungskontext

Der Mensch agiert als *Co-Regulationspartner* – eine zentrale Figur, die Sicherheit bietet und durch feinfühliges Verhalten hilft, den Erregungszustand des Hundes zu modulieren.

3. Integration durch ritualisierte Abläufe

Wiedererkennbare, strukturierte Sequenzen (Routinen, Rituale, sanfte Bewegungsmuster) geben dem Hund Orientierung und ermöglichen ein Gefühl von Kontrolle.

4. Vermeidung von Re-Traumatisierung

Es geht *nicht* darum, den Hund bewusst mit traumatisierenden Reizen zu konfrontieren, sondern um eine sanfte Desensibilisierung bei gleichzeitigem Zugang zu körperlich-emotionalen Ressourcen (Ruhe, Bindung, Sicherheit).

5. Kombinierbar mit anderen Methoden

VEMDR kann und sollte sinnvoll mit anderen Therapieverfahren kombiniert werden – z. B. Medical Training, systematische Desensibilisierung, Psychopharmaka, Körperarbeit und Verhaltenstherapie.

VEMDR ist ein vielversprechender, körper- und bindungsbasierter Therapieansatz zur Behandlung von Angst- und Traumafolgestörungen bei Hunden. Er setzt dort an, wo Sprache fehlt – über sichere Beziehung, sanfte bilaterale Stimulation und strukturierte Regulation. Einer der großen Vorteile liegt darin, dass VEMDR körpersprachlich orientiert und vollständig nonverbal abläuft. Das macht die Methode besonders geeignet für Hunde, da sie keine sprachliche Reflexion oder kognitive Umstrukturierung erfordert. Stattdessen nutzt sie die natürliche Kommunikationsform des Hundes – Körpersprache, Beziehungssignale und affektive Resonanz.

Zudem ist VEMDR stark bindungsorientiert: Die Beziehung zwischen Mensch und Hund wird nicht nur gestärkt, sondern gezielt therapeutisch genutzt. Der Mensch fungiert als sicherer, emotional regulierender Bezugspunkt, der dem Hund Orientierung und Stabilität bietet. Darüber hinaus handelt es sich um eine stress- und reizarme Methode, die sich insbesondere für sensible, übererregbare oder traumatisierte Hunde eignet. Sie erlaubt eine sanfte, fein abgestimmte Herangehensweise, die Überforderung vermeidet und Sicherheit in den Vordergrund stellt.

Ein weiterer wichtiger Aspekt ist die biopsychologische Plausibilität der Methode. Studien aus der Humanforschung belegen, dass bilaterale Stimulation – etwa durch abwechselnde visuelle oder taktile Reize – in Verbindung mit Co-Regulation durch eine vertraute Bezugsperson zu messbaren Veränderungen in der Stressverarbeitung führt. Auch beim Hund zeigen erste Untersuchungen zur Mensch-Tier-Co-Regulation (z.B. über Herzratenvariabilität) eine wechselseitige emotionale Abstimmung, die die Grundprinzipien von VEMDR stützt.

Trotz dieser vielversprechenden Potenziale gibt es auch kritische Aspekte zu beachten. Die Studienlage ist bislang noch begrenzt – VEMDR ist ein junges Feld, und viele der zugrunde liegenden Annahmen basieren auf analogen Übertragungen aus der Humantherapie. Kontrollierte, tiermedizinisch orientierte Studien fehlen größtenteils, sodass die Evidenz derzeit noch als moderat bis experimentell gilt. Zudem ist die Methode nicht standardisiert. Ihre Wirksamkeit hängt in hohem Maße von der Erfahrung, Sensibilität und Fachkompetenz der therapeutisch arbeitenden Person ab. Ohne tiefes Wissen über Körpersprache, Stresssignale und emotionale Zustände beim Hund besteht die Gefahr einer unpassenden Anwendung.

Hinzu kommt, dass nicht jede Form von Angstverhalten beim Hund traumabasiert ist. Reaktive, übererregbare oder unsichere Hunde benötigen differenzierte Diagnostik – nicht alle profitieren automatisch von VEMDR. Wichtig ist daher, vor einer Anwendung sorgfältig abzuklären, ob die zugrunde liegende Problematik tatsächlich mit traumatischen oder dysregulativen Prozessen zusammenhängt. Schließlich besteht bei der Übertragung psychotherapeutischer Konzepte vom Menschen auf das Tier grundsätzlich die Gefahr der Vermenschlichung. Therapeut:innen müssen sich dieser Grenze bewusst sein und die Methode strikt hundegerecht, verhaltensbiologisch fundiert und im ethischen Rahmen anwenden!

Wie funktioniert VEMDR im Gehirn des Hundes?

Im Zentrum steht die gezielte Veränderung von emotional belasteten Reiz-Reaktions-Mustern durch bilaterale Stimulation, sichere Beziehungskontexte und korrigierende emotionale Erfahrungen.

Ein zentraler Bestandteil ist die bilaterale Stimulation, also die abwechselnde Aktivierung beider Gehirnhälften durch rhythmische Reize – beim Hund meist in Form von sanften Berührungen, abwechselndem Klopfen links und rechts am Körper oder gelegentlich geführten Blickbewegungen. Diese Form der Stimulation soll die Synchronisation beider Hemisphären fördern und dadurch die Vernetzung von sensorischen, emotionalen und regulatorischen Hirnarealen verbessern.

Besonders relevant sind dabei Strukturen wie die Amygdala, die für emotionale Gedächtnisinhalte – insbesondere Angst – zuständig ist, sowie der Hippocampus, der Informationen kontextualisiert und räumlich einordnet. Auch der präfrontale Kortex, der beim Hund weniger differenziert ist als beim Menschen, spielt eine Rolle bei der Regulation von Verhalten und Impulsen. Ergänzt wird dies durch den Thalamus, der als Schaltstelle für Sinneseindrücke fungiert.

Bereich	Relevanz für VEMDR
Amygdala	Reduktion von überaktiven Angstmustern
Hippocampus	Kontextualisierung und Einordnung von Erinnerungen
Präfrontaler Kortex	Steuerung der Reaktion, Integration von Erfahrung
Thalamus	Filterung & Weiterleitung sensorischer Reize
Vagusnerv	Physiologische Co-Regulation, Entspannung, soziale Sicherheit
Neurotransmitter	Beteiligung von Dopamin (Lernen), Serotonin (Stimmung), Noradrenalin (Erregung)

Traumatische oder emotional stark belastende Erlebnisse können beim Hund – wie beim Menschen – als fragmentierte, nicht integrierte Erinnerungsmuster im limbischen System gespeichert bleiben, oft außerhalb bewusster Kontrolle. Sie sind häufig mit einer übersteigerten Reizsensitivität und reaktiven Verhaltensmustern verbunden. VEMDR setzt hier an: Die Methode zielt darauf ab, diese blockierten Reaktionsmuster unter sicheren Bedingungen „nachzuverarbeiten" – also zu desensibilisieren und neu zu verknüpfen. Die Erinnerung selbst wird nicht gelöscht, aber ihre emotionale Ladung wird reduziert. Dadurch verändert sich auch das Verhalten, da die damit verknüpften Emotionen neu reguliert werden können.

Ein weiterer Wirkmechanismus betrifft die Aktivierung der Selbstregulationsnetzwerke im Gehirn. VEMDR findet idealerweise in einem sicheren, bindungsbasierten Rahmen statt, in dem der Mensch als Co-Regulationspartner fungiert. Dies fördert die Aktivierung des parasympathischen Nervensystems, insbesondere über vagale Afferenzen. Die Folge sind eine gesteigerte Herzratenvariabilität, ein Rückgang des Stresshormons Cortisol und die Aktivierung neuronaler Systeme für soziale Sicherheit und Bindung. Dadurch kann der Hund innere Erregungszustände besser regulieren – eine Grundvoraussetzung für jede Form von Reizverarbeitung und emotionaler Neubewertung.

Schließlich unterstützt VEMDR auch die korrigierende emotionale Erfahrung, die für eine nachhaltige Veränderung besonders wichtig ist. Indem emotionale Sicherheit – etwa durch ruhige Sprache, sanfte Berührung oder strukturierte Abläufe – mit der schrittweisen Konfrontation des belastenden Reizes verknüpft wird, entsteht eine neue, sichere Interpretation der Situation. Aus neurologischer Sicht bedeutet dies eine Aktualisierung interner Modelle im Sinne des predictive coding, eine Umbewertung der Reizbedeutung und schließlich eine langfristige Veränderung neuronaler Verschaltungen – *also neuronale Plastizität*.

Hundespezifische EMDR-Protokolle und Studien existieren bereits[306,307]. Auch bei Pferden werden EMDR Verfahren bereits erfolgreich eingesetzt[308]. Kapteijn et al. (2021) untersuchen die Anwendbarkeit des therapeutischen Verfahrens EMDR bei Hunden mit Angststörungen infolge traumatischer Ereignisse. Sie schlagen vor, dass nonverbale EMDR-Protokolle, wie sie bereits bei nicht sprechenden Kindern verwendet werden, adaptiert auf Hunde nutzbar sind. EMDR bei Hunden könnte die emotionale Aufladung traumatischer Erinnerungsfragmente verringern und so das Verhalten nachhaltig verbessern. Dabei wird die emotionale Desensibilisierung durch sensorische Reize angestoßen – kombiniert mit positiver Verstärkung. Auch Lannes-Gillibert[309] und Kodiyan beschreiben das EMDR Konzept[310].

---

306 Kapteijn, C. M., van der Borg, J. A. M., Vinke, C. M., & Endenburg, N. (2021). On the applicability of eye movement desensitization and reprocessing (EMDR) as an intervention in dogs with fear and anxiety disorders after a traumatic event. *Behaviour*, 158(14–15), 1471–1487.

307 Combate, P. A. (2022). Alternative approach to support mental health centres-centre for human-animal assisted therapy: a symbiotic healing space for people and rescue dogs.

308 Pagone, J., & Choe, K. (2023). Blended therapy modalities in equine-assisted psychotherapy: integrating equine-engaged internal family systems (EE-IFS) and equine-connected eye movement desensitization and reprocessing (EC-EMDR). *In Integrating Horses Into Healing* (pp. 109–132). Academic Press.

309 Fabienne Lannes-Gilibert, *L'EMDR-Tier, befreit unsere Tiere von Phobien und Stress*, Autorenbericht, Marseille, 2019

310 Kodiyan, A. (2015). *An animal model of eye movement desensitization and reprocessing (EMDR)* (Doctoral dissertation, Université de Lausanne, Faculté de biologie et médecine).

Fazit

Dieses Buch entstand aus dem tiefen Wunsch heraus, Bewusstsein zu schaffen – für ein Thema, das selten im alltäglichen Rahmen besprochen wird, obwohl es allgegenwärtig ist: Trauma bei Hunden. Die Fülle an wissenschaftlichen Erkenntnissen, biologischen Zusammenhängen und psychologischen Hintergründen hat mich nicht nur fachlich fasziniert, sondern auch emotional bewegt.

Obwohl Trauma in der Hund-Mensch-Beziehung erhebliche Herausforderungen birgt, haben wir gleichzeitig die Möglichkeit, durch gezielte, wissenschaftlich fundierte Ansätze das Wohlbefinden und die Bindungsfähigkeit unserer Hunde nachhaltig zu verbessern. Die zahlreichen wissenschaftlichen Studien aus der Verhaltensforschung, Neurobiologie, Psychotraumatologie und Tiermedizin zeigen uns, wie tief die Auswirkungen belastender Erfahrungen gehen – und wie wichtig es ist, unser Wissen kontinuierlich zu erweitern. Ein bewusster, einfühlsamer Umgang sowie präventive Maßnahmen sind essenziell, um die negativen Folgen von Trauma zu minimieren und die Chancen für eine positive Entwicklung zu maximieren.

Denn Trauma entsteht eben nicht nur durch offensichtliche Gewalt – es sind die alltäglichen Unachtsamkeiten und Übergriffe, die kleinen Grenzüberschreitungen im täglichen Miteinander, die stillen Überforderungen. Es sind Situationen, in denen Hunde nicht gesehen, nicht verstanden, nicht gehört werden. In denen unsere Erwartungen größer sind als ihre Kapazitäten. Die „kleine Gewalt des Alltags" – nicht als Vorwurf, eher als Weckruf. Sie erinnert uns daran, wie machtvoll unsere Haltung, unsere Reaktionen, unser Umgang im Alltag sind – im Positiven wie im Negativen. Und sie lädt uns ein, achtsamer zu werden: im Blick, im Timing, in der inneren Haltung. Denn Beziehung beginnt im Kleinen. Und auch Heilung beginnt dort.

Deshalb sehe ich es als unsere Verantwortung, genauer hinzusehen. Dieses Buch soll informieren, berühren und Denkanstöße geben. Ich wünsche mir, liebe Leserinnen und Leser, dass ihr nach der Lektüre mit einem anderen Blick durch die Welt geht – bereit, unsere Hunde nicht nur zu „erziehen“, sondern sichtbar zu machen in ihrer fantastischen Einzigartigkeit.

Trauma-informiertes Arbeiten mit Hunden erfordert mehr als Methoden: Es braucht die Bereitschaft, genau hinzusehen, verstehen zu wollen und dazuzulernen. Es fordert uns auf, Fortbildungen zu besuchen, Fachwissen zu vertiefen, kritisch zu hinterfragen und neue Perspektiven einzunehmen – interdisziplinär, empathisch und kreativ.

In diesem Sinne geht der Weg weiter: hin zu einer Hund-Mensch-Beziehung, die nicht nur funktioniert, sondern verbindet. Einer Haltung, die nicht nur erzieht, sondern mitfühlt. Die Zukunft liegt in einem Miteinander, das wissenschaftliche Erkenntnisse mit praktischer Achtsamkeit vereint – in Trainingsräumen, Tierarztpraxen, Tierheimen, Wohnzimmern und auf Spazierwegen.

Wir stehen erst am Anfang dessen, was möglich ist, wenn wir Verhalten nicht nur korrigieren, sondern in seinem Ursprung begreifen. Wenn wir Hunde nicht nur führen, sondern ihnen zuhören. Je mehr wir bereit sind, uns zu öffnen, voneinander zu lernen und neue Wege zu gehen, desto mehr können wir auch gesellschaftlich zu einem besseren, inklusiveren, weniger gewaltvollen Umgang beitragen.

Die Reise ist nicht immer leicht – aber sie ist voller Hoffnung. Und sie lohnt sich. Für die Hunde. Für uns. Und für eine Zukunft, in der Beziehung über Gehorsam steht, Verbindung über Kontrolle und Mitgefühl über Konvention.

Jeder Hund bringt eine eigene Geschichte mit. Wenn wir ihm wirklich begegnen wollen, brauchen wir Offenheit und die Bereitschaft, jeden Tag neu zu lernen. Denn nur, wenn wir jeden Hund als fühlendes Wesen sehen – nicht durch die Brille unserer Erwartungen, sondern mit ehrlichem Interesse – können wir echte Verbindung ermöglichen.

So kann aus Trauma eine Reise werden: hin zu Vertrauen, Sicherheit, Lebensfreude. Und vielleicht ist genau das der schönste Teil an unserer Aufgabe – dass wir nicht nur lehren, sondern mit und von jedem einzelnen Hund auch selbst lernen dürfen.

Über die Autorin

Dr. Sandra Foltin ist als „Pottkind" im Ruhrgebiet aufgewachsen. Einen Tag nach ihrem Abitur reiste sie in die USA und aus einem Jahr geplantem Aufenthalt wurden elf. Sie studierte dort Psychologie und danach Jura und im Rahmen des Psychologiestudiums begann sie den tiergestützten Einsatz mit ihren damals drei Tierschutzhunden über die Delta Society (heute Pet Partners Program). Als sie nach Deutschland zurückkehrte, gründete sie einen Natur- und Tierschutzverein und startete erst das Projekt „Hunde-auf-Rädern", einen ehrenamtlichen Tierbesuchsdienst, und dann die Fortbildung zur tiergestützten Intervention, TTA-NRW. Diese hat zum Ziel eine hundgerechte, ethische, tierschutzangepasste und Achtsamkeitsbasierte Wissensvermittlung in Theorie und Praxis für den Bereich des tiergestützten Einsatzes. Sie setzte dann noch einen Herzenswunsch um und studierte Biologie und promovierte schließlich zum Thema Orientierungsverhalten, Exploration und Kognition des Hundes mit Aspekten der Interaktion des Mensch-Hund-Teams. Dr. Foltin engagiert sich federführend in mehreren praktischen Projekten im Tierschutz und arbeitet mit ihren Tierschutzhunden in verschieden tiergestützten Settings. Sie ist zudem wissenschaftlicher Beirat des Qualitätsnetzwerks Schulbegleithund e.V., im Vorstand von ESAAT, Mitglied bei IAHAIO und gibt Vorträge & Webinare zu verschiedenen hundbezogenen Themenbereichen. https://sandra-foltin.com/

Index

C

D

E

F

G

H

I

K

L

M

N

O

P

R

S

T

U

V

W

Z